职业技术教育结合竞赛课程改革新规划教材
数控技术应用专业

机械制图与 AutoCAD 教程

丛书主编　张伦玠
主　编　梁炳新
副主编　朱慧霞　杨丽华　郭志强
参　编　屈　鑫　赖永松　黄可亮

华中科技大学出版社
（中国·武汉）

内容简介

本教材是为适应中等职业学校"工学结合"的培养模式,满足以提高学生的综合能力为教学目标的教学改革需要而编写的。本教材以任务驱动课程模式理念为指导,以职业活动为主线,通过任务加强技能训练。

本书是在机械制图和 AutoCAD 的基础上,按项目课程教学模式编写的。全书主要内容包括制图的基本知识与技能、绘制简单零件、绘制轴套类零件、绘制盘盖类零件、绘制叉架类零件、绘制箱体类零件、手工绘制装配图、电脑绘制装配图、技能竞赛图样识读训练共 9 个项目。

本书可作为中等职业学校机械制图与 AutoCAD 教材,也可供有关工程技术人员参考。

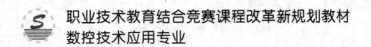

职业技术教育结合竞赛课程改革新规划教材
数控技术应用专业

编 委 会

主 任：

张伦玠（教授，广东技术师范学院）

副主任：（按拼音排序）

曹永浩	邓庆宁	丁左发	龚志雄	韩亚兰	黄境城	兰 林
李保俊	李木杰	李伟东	梁东明	宁国富	潘洪楠	彭志斌
苏炯川	谭志平	王寒里	王震洲	伍小平	杨柏弟	曾昭贵
张 侃	张 敏	钟肇光	周炳权			

编 委：（按拼音排序）

蔡兴剑	岑 清	陈天金	陈天玺	陈学利	陈移新	邓集华
邓志翔	杜文林	傅 伟	龚永忠	关焯远	郭志强	何爱华
何生明	黄桂胜	黄新宇	李国东	李金龙	李 军	李 立
梁炳新	梁伟东	梁 宇	廖建华	廖振超	林志峰	刘根才
刘永锋	刘玉东	罗建新	缪遇春	莫石满	宁志良	欧阳刚
彭 彬	彭国民	谭国荣	向科星	肖福威	薛勇尧	杨景欢
杨丽华	杨世龙	杨新强	袁长河	张方阳	张铺标	张正强
赵汝其	郑如祥	钟光华	周燕峰	周裕章	周忠红	朱慧霞
卓良福	祖红珍	黄可亮				

职业技术教育结合竞赛课程改革新规划教材

总 序

自 20 世纪末开始，随着我国改革开放政策的不断深入，产业结构调整与先进技术应用的步伐不断加快，各行各业都发生了巨大的变化，制造业的发展尤为突出。随着我国制造业迅速而全面地与世界接轨，一方面以数控技术为标志的先进制造技术大量应用于制造业；另一方面，制造业成为吸纳新增劳动力的重要领域。制造业就业人数整体上大幅增加，造成数控技术人才出现大量缺口。一直处于改革开放前沿地带的广东珠三角地区，更是成为高薪难聘数控高技能人才呼声最高的地区之一。这种局面促进了数控职业技术教育的进一步发展，数控技能人才的数量逐年增加。然而，数控技能型人才质量参差不齐的状况始终是社会和企业关注的话题，努力提高数控技能型人才职业素质同时也成为职业院校进行教学改革的强劲动力。广东作为全国制造业的重要基地，从 20 世纪末到现在一直独占数控职业技能鉴定人员数量的鳌头，其职业教育的蓬勃发展带动了数控职业技能教育的大规模普及。但是，这仅仅解决了人才培养的数量问题，未能从根本上改变人才培养质量参差不齐的状况。

职业技术教育教学质量的评价应该由企业的岗位需求来确定。由于企业的产品对象和职业岗位等具有自身的复杂性和相对特殊性，难以制订较为统一的评价标准，无法适应教育所要求的相对普遍性。数控职业技能竞赛作为完善职业技术教育教学质量评价机制的一种重要手段，虽然不能完全等同于企业评价，但已经在很大程度上起到了企业评价的功能。

本世纪初，广东的数控职业技能竞赛蓬勃兴起，为职业技术教育领域数控技能型人才培养水平的提高搭建了一个平台，形成探索、交流的良好氛围。目前，在全国各地，各种级别、各种类型和各种规模的数控职业技能竞赛方兴未艾，希望通过技能竞赛这个平台，实现以赛促教、以赛促学、以赛促改，有效地促进职业院校的教学改革与专业建设工作。但是，目前存在的设备场地投入大、实训材料消耗高和双师型师资缺乏等因素，严重制约了数控职业技术教育的平衡发展；同时，数控职业技能竞赛发展过快带来的一系列问题，让许多地方和院校不同程度地存在为竞赛而竞赛的趋势。有一些职业院校将教学的主要目标建立在参赛成绩上，忽视了基础建设和基本功训练，甚至出现拔苗助长的做法。因此，将技能竞赛作为引领，深入探讨其选拔、培养机制，对于促进职业技术教育有序、健康地发展，促进人力资源强国的建设具有重大的现实意义。

2009年广东省哲学社会科学"十一五"规划教育学、心理学重点项目《数控技能大赛选拔机制与职业技术教育发展研究》的立项，就是希望立足于数控职业技能竞赛的引领作用，带动和促进职业院校数控职业技术教育发展。本项目研究的重要举措之一，是组织广东省中等职业技术学校编写、出版将竞赛要求和内容融入教学过程的系列教材。以竞赛为导向，结合教学的实际情况编写的教材，具有覆盖面广、针对性强以及符合教学规律的特点，是推动竞赛选拔机制与教学普及相结合的有效途径。此外，根据近几年竞赛所暴露出来的问题整合资源，形成模块化编写方案，也具有针对性强、方便实用的特点。

总之，教材是实施教学的有效媒介，也是教学内容的有效载体，更是提高教学效率和质量的可靠保障。编写、出版数控职业技术教育系列教材，旨在通过数控职业技能竞赛的有效平台来促进教学质量提高，这是利用先进教学资源带动职业院校共同发展的有效手段，必将为推动我国的数控人才培养作出应有的贡献。

广东省中职数控竞赛　**总裁判长**
广东技术师范学院自动化学院　**教授**
张伦玠
2010年5月

前言

本教材是为了适应当前中等职业学校以提高学生的综合能力为教学目标的教学改革需要,根据中等职业教育以工作过程导向的中等职业教育"十一五"规划教材的编写要求,以最新课程理论——任务驱动课程模式而组织编写的。

本教材以 9 个项目内容为主线,按典型零件的绘制贯穿机械制图和 AutoCAD 2008 绘制知识。本教材突出了学生在教学过程中的主导地位,以职业能力为本位,以掌握必备的知识、技能为基础,紧密结合职业技能证书考核的要求,创设工作情景,加大实操比例,使学生在实践中掌握相关知识,培养、提高学生的职业能力。这套教材突出了实践在教学过程中的主体地位,由任务引领,以工作过程为导向,以活动为载体,按照职业岗位、工作任务和工作过程组织、编写教材内容,突出了理论与实践相结合并更好地服务于实践的特点,使学习者在学习中体验成功,激发学习者的学习动力。

本教材适用于中等职业技术学校、技工学校的机械制图与 AutoCAD 课程的教学,也可作为职业岗位培训教材。教学中,可以根据专业特点和要求,对教材内容和顺序进行必要的删减和调整。

本教材由广州市黄埔职业技术学校梁炳新主编。参与编写的人员有:广东省湛江机电学校朱慧霞,广东省南海盐步职业技术学校杨丽华,广东省轻工职业技术学校郭志强,广东省顺德郑敬诒职业技术学校屈鑫，广东省鹤山市职业技术高级中学赖永松、黄可亮。

  本教材的编写工作得到了相关专家、领导和同仁的重视和支持，在此对提供帮助和提出宝贵意见的人员表示感谢。

  由于编者水平有限，书中难免存在错误或错漏，敬请广大读者批评指正。

编 者

2010 年 5 月

目 录

项目1　制图的基本知识与技能

任务1　绘制五角星图形 …………………………………………………………… (2)
任务2　绘制工字钢图形 …………………………………………………………… (11)
任务3　运用AutoCAD绘制趣味五角星图形 …………………………………… (20)
任务4　运用AutoCAD绘制工字钢图形 ………………………………………… (25)
项目小结 ……………………………………………………………………………… (33)
思考与练习 …………………………………………………………………………… (33)

项目2　绘制简单零件

任务1　绘制棱柱、棱锥三视图 …………………………………………………… (36)
任务2　绘制圆柱、圆锥三视图 …………………………………………………… (46)
任务3　绘制组合体三视图 ………………………………………………………… (49)
任务4　运用AutoCAD绘制组合体三视图 ……………………………………… (64)
任务5　绘制轴测图 ………………………………………………………………… (71)
项目小结 ……………………………………………………………………………… (76)
思考与练习 …………………………………………………………………………… (76)

项目3　绘制轴套类零件

任务1　绘制轴 ……………………………………………………………………… (82)
任务2　运用AutoCAD绘制轴套类零件 ………………………………………… (109)
项目小结 ……………………………………………………………………………… (115)

思考与练习 ……………………………………………………………………………… (116)

项目4　绘制盘盖类零件

任务1　绘制端盖零件 ……………………………………………………………… (120)
任务2　运用 AutoCAD 绘制盘盖类零件 …………………………………………… (128)
项目小结 ……………………………………………………………………………… (132)
思考与练习 …………………………………………………………………………… (132)

项目5　绘制叉架类零件

任务1　绘制叉架 …………………………………………………………………… (136)
任务2　运用 AutoCAD 绘制叉架类零件 …………………………………………… (140)
项目小结 ……………………………………………………………………………… (145)
思考与练习 …………………………………………………………………………… (145)

项目6　绘制箱体类零件

任务1　绘制箱体 …………………………………………………………………… (148)
任务2　运用 AutoCAD 绘制箱体类零件 …………………………………………… (152)
项目小结 ……………………………………………………………………………… (157)
思考与练习 …………………………………………………………………………… (157)

项目7　手工绘制装配图

任务　在 A3 图纸上绘制机用平口钳装配图 ……………………………………… (160)
项目小结 ……………………………………………………………………………… (174)
思考与练习 …………………………………………………………………………… (174)

项目8　电脑绘制装配图

任务　运用 AutoCAD 绘制装配图 ………………………………………………… (176)
项目小结 ……………………………………………………………………………… (180)
思考与练习 …………………………………………………………………………… (181)

项目9　技能竞赛图样识读训练

任务1　读车工竞赛零件图 ………………………………………………………… (186)
任务2　读数控铣床竞赛零件图 …………………………………………………… (189)
项目小结 ……………………………………………………………………………… (191)

参考文献 ……………………………………………………………………………… (192)

项目 1

制图的基本知识与技能

【导读】

本项目将通过学习机械制图的基本知识和技能，以及AutoCAD的一些入门指令，为后面项目的学习奠定基础。

【知识目标】

(1) 了解机械制图国家标准的一般规定。

(2) 认识常用绘图仪器及工具。

(3) 掌握正确的绘图方法。

(4) 掌握AutoCAD软件的基本绘图指令。

(5) 学会灵活运用各种方法绘制简单的平面图形。

【能力目标】

(1) 熟练使用绘图仪器及工具，能够进行等分作图。

(2) 叙述AutoCAD创建一般二维图形的多种方法及删除、修剪和延伸指令的用法。

(3) 分析基本平面图形的尺寸和线段组成，拟定平面图形的正确作图思路。

任务1　绘制五角星图形

为了生产和技术交流的需要，国家质量技术监督局发布并实施了一系列国家标准，对图样的格式、内容和表示方法等给出了统一规定。请你运用常用的绘图仪器及工具绘制出如图1-1所示的五角星图形。要求绘制A4横装标准图框，使用2:1的比例绘制图形。

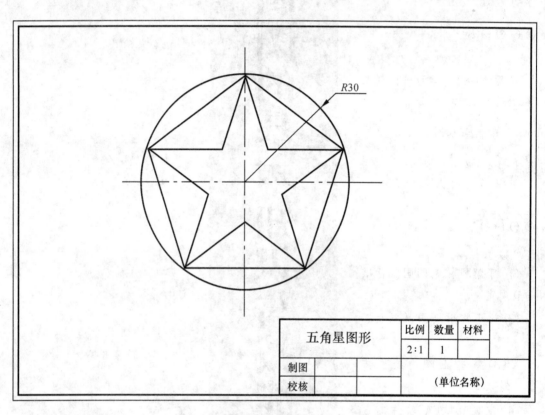

图1-1　绘图示例

任务要求

通过完成本任务，使读者在熟悉有关制图标准的基本规定的同时，掌握线段等分方法，熟练掌握圆规、分规等基本绘图工具的使用方法。

技能训练

（1）绘制基准线：绘制图形中的基准线（水平线 AB 和垂直线 CD），如图1-2所示。

(2) 作圆：使用圆规绘制一个圆心在 O 点、半径为 60 mm 的圆（使用 2∶1 的绘图比例）。

(3) 作 OB 的垂直平分线，如图 1-2 所示。

① 以 B 点为圆心、OB 长为半径，绘制一段圆弧交圆周于两点 E 和 F。

② 连接 E 点和 F 点，交 OB 于 P 点。

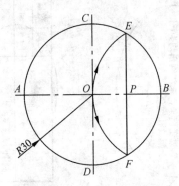 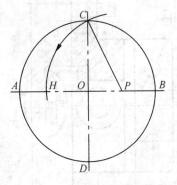

图 1-2　五角星图形的绘制（1）　　　　图 1-3　五角星图形的绘制（2）

(4) 作五等分点：以 P 点为圆心、PC 长为半径，画弧交直径 AB 于 H 点，如图 1-3 所示。以 CH 为弦长，自 C 点起在圆周上对称截取，得等分点 I、K、J、L，如图 1-4 所示。

(5) 作正五边形：顺序连接圆周各等分点，即为正五边形，如图 1-5 所示。

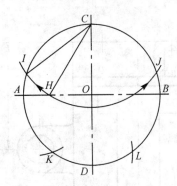 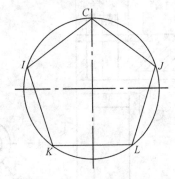

图 1-4　五角星图形的绘制（3）　　　　图 1-5　五角星图形的绘制（4）

(6) 完成全图：连接各等分点即得五角星图形，擦除作图辅助线并加深线条，即得如图 1-1 所示图形。

(7) 根据标准绘制 A4 横装图框和标题栏，填写标题栏，注意绘图比例为 2∶1。

1. 机械图样的格式

机械图样可以清楚表达零件的结构，它由不同的视图组成，每一张视图都是从不同方位和角度对模型投影的结果。

一张完整的机械图纸包括一组视图、尺寸标注、技术要求以及标题栏等，如图 1-6 所示。

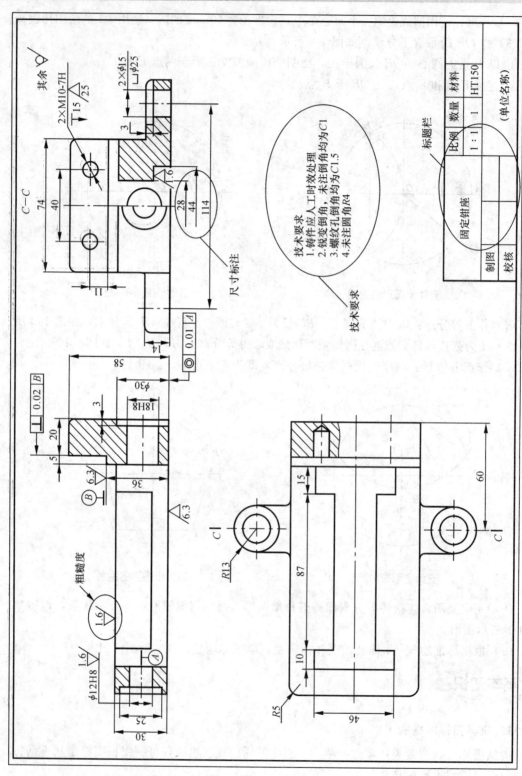

图1-6 零件图

机械图样主要包括如下两类图样。

(1) 零件图：用于表示零件结构形状、尺寸大小和技术要求的图样。

(2) 装配图：用于表示由若干零件按照一定的装配关系装配成机器或部件的图样。

2. 图纸幅面和图框、标题栏

图纸幅面和格式是指绘图时采用的图纸的大小及其布置方式，主要包括图纸长和宽的数值，以及图框的结构等，其设置遵守国家标准 GB/T 14689—2008。

1) 图纸幅面

绘制图样时，应优先采用如表 1-1 所示的基本幅面。必要时，也允许选用国家标准所规定的加长幅面，这些幅面的尺寸是由基本幅面的短边成整数倍地增加后得出的。

表 1-1 图纸幅面的代号和尺寸 （单位：mm）

幅面代号	A0	A1	A2	A3	A4
$L \times B$	1189×841	841×594	594×420	420×297	297×210
a	25					
c	10			5	
e	20		10		

2) 图框格式

每张图样均有使用粗实线绘制的图框，也就是边框。对于要装订的图样，应留装订边，其图框格式如图 1-7 所示。不需要装订的图样其图框格式如图 1-8 所示。通常同一产品的图样只能采用一种格式，且图样必须画在图框之内。

3) 标题栏

(1) 每张技术图样中均应画出标题栏，标题栏的格式和尺寸应符合 GB/T 10609.1—2008 的规定。简化标题栏如图 1-9 所示。

(2) 标题栏一般应位于图纸的右下角。

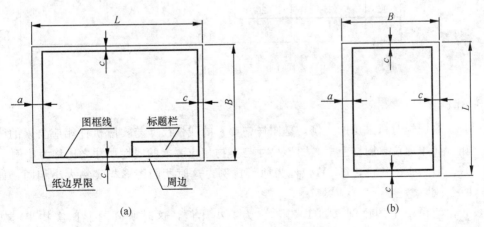

图 1-7 需要装订边的图框格式

(3) 当标题栏的长边置于水平方向并与图纸的长边平行时，则构成 X 型图纸，如图 1-7 (a) 和图 1-8 (a) 所示。

(4) 当标题栏的长边与图纸的长边垂直时，则构成 Y 型图纸，如图 1-7 (b) 和图 1-8 (b) 所示。此时，标题栏中的文字方向为看图方向。

(5) 标题栏的线型、字体（签名除外）和年、月、日的填写格式均应符合相应国家标准的规定。

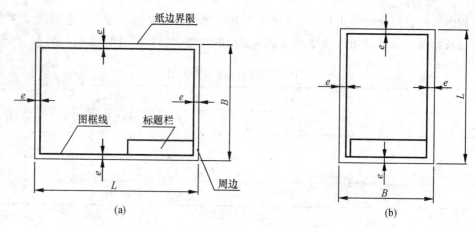

图 1-8　不需要装订边的图框格式

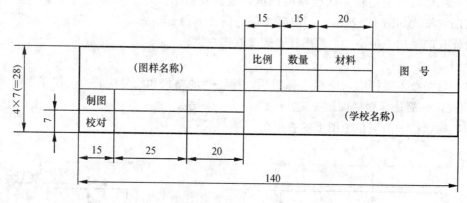

图 1-9　简化标题栏

3. 比例

(1) 绘制图样时所采用的比例，是图样中要素的线性尺寸与实际机件相应要素的线性尺寸之比。简单地说，图样上所画图形尺寸与实物相应要素的线性尺寸之比称为比例。

(2) 比值为 1 的比例，即 1:1，称为原值比例，这时所画图形与实物大小相同，如图 1-10 (b) 所示。

(3) 比值小于 1 的比例（如 1:2），称为缩小比例，这时所画图形比实物小，如图 1-10 (a) 所示。

提问：如果表达的机件相对于所选图纸幅面过大或过小，则不能合理、清晰地将其在图纸上表达出来，这时应该怎么办？

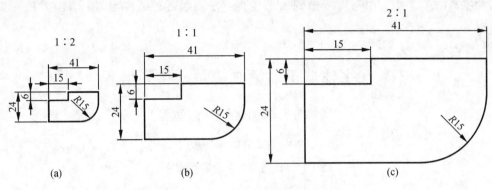

图 1-10 比例的概念

（4）比值大于 1 的比例（如 2∶1），称为放大比例，这时所画图形比实物大，如图 1-10（c）所示。

（5）在绘制图样时，可以选用的比例值应符合国标 GB/T 14690—1993，具体取值如表 1-2 所示。绘制时应尽可能按机件的实际大小画出，以方便看图。

表 1-2　常用比例（GB/T 14690—1993）

种　　类		比　　例
原值比例		1∶1
放大比例	第一系列	2∶1；5∶1；1×10^n∶1；2×10^n∶1；5×10^n∶1
	第二系列	2.5∶1；4∶1；2.5×10^n∶1；4×10^n∶1
缩小比例	第一系列	1∶2；1∶5；1∶1×10^n；1∶2×10^n；1∶5×10^n
	第二系列	1∶1.5；1∶2.5；1∶3；1∶4；1∶6；1∶1.5×10^n；1∶2.5×10^n；1∶3×10^n；1∶4×10^n；1∶6×10^n

如果机件太大或太小，则可选取表 1-2 中所列的第一系列的比例值，必要时也允许选取第二系列的比例值。但是无论图样按何种比例绘制，所注尺寸应按所表达机件的实际大小标出，即为机件的最后完工尺寸。

4. 字体

在一幅工程图样中，哪些情况下需要创建文字、数字和字母？在日常生活的书信中，可以随心所欲地书写，在图样中也能这样吗？究竟应该如何在图样中书写汉字、数字及各种字母？工程图样中书写字体是一件严肃的事情，容不得半点马虎，否则会引起差错并将导致严重的后果。

在工程图样中，字体应该符合国标 GB/T 14691—1993 的规定，书写字体的基本要求是，图样中的汉字、数字和字母必须字体端正、笔画清楚、排列整齐、间隔均匀。

（1）字体的高度（h）对应字体的号数，如 7 号字的字体高度为 7 mm。其允许的尺寸系列为 1.8、2.5、3.5、5、7、10、14、20 mm 等 8 种。

（2）数字用作指数、分数、注脚和尺寸偏差数值时，一般采用小一号字体。

（3）汉字应写成长仿宋体字，并采用简化字。汉字的高度不应小于 3.5 mm，其字宽一般为字高的 0.7 倍。书写时应做到横平竖直，注意起落、结构均匀、填满方格，如图 1-11 所示。

0 号字　字体端正、笔画清楚、排列整齐

5 号字　字体端正、笔画清楚、排列整齐

7 号字　字体端正、笔画清楚、排列整齐

图 1-11　长仿宋体字的书写示例

（4）字母和数字分为 A 型和 B 型两类。A 型字体的笔画宽度 $d=h/14$，B 型字体的笔画宽度 $d=h/10$。字母和数字可写成斜体和正体。

（5）斜体字字头向右倾斜，与水平基准线成 75°。绘图时，一般用 B 型斜体字。在同一图样上，只允许选用一种字体。

图 1-12～图 1-19 所示分别为数字和字母的书写示例。

图 1-12　大写斜体字母 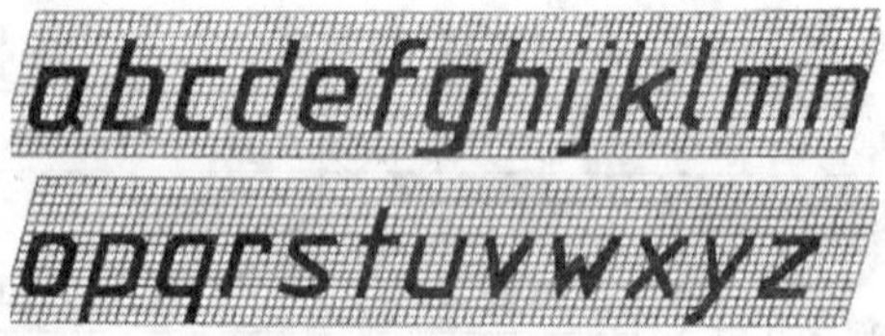　　　　　图 1-13　小写斜体字母

图 1-14　大写正体字母 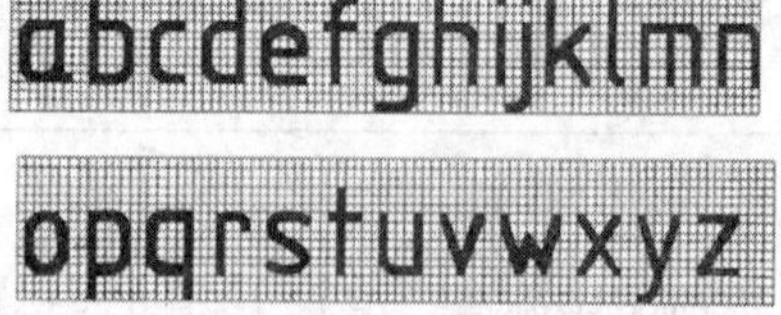　　　　　图 1-15　小写正体字母

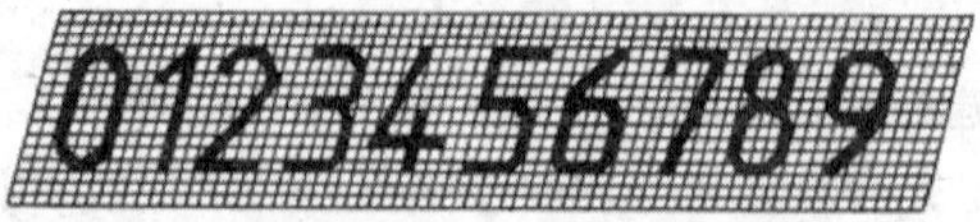

图 1-16　斜体数字 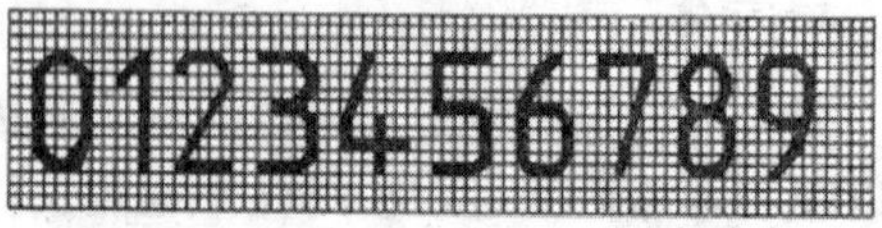　　　　　　　图 1-17　正体数字

图 1-18　斜体罗马数字　　　　　图 1-19　正体罗马数字

5. 图线

在工程图样中，图线是最重要的图素，除了用来围成图形轮廓外，还用来作为各种辅助线使用，例如，图形的中心线、标注指引线等。图样中的图线应符合国家标准 GB/T 17450—1998 和 GB/T 4457.4—2002。

工程图样中可以使用的图线种类丰富，用途各不相同，如表 1-3 所示。

表 1-3 图线的名称、形式、宽度及其用途

图线名称	图线形式	图线宽度	图线应用
粗实线	————————	b（0.5～2 mm）	可见轮廓线、可见过渡线
细实线	————————	约 $b/3$	尺寸线、尺寸界线、剖面线、重合断面的轮廓线及指引线等
波浪线	～～～～	约 $b/3$	断裂处的边界线等
虚线	- - - - - - -	约 $b/3$	不可见轮廓线、不可见过渡线
双折线	─\/─\/─\/─	约 $b/3$	断裂处的边界线
细点画线	— · — · — · —	约 $b/3$	轴线、对称中心线等
粗点画线	— · — · — · —	b	有特殊要求的线或表面的表示线
双点画线	— · · — · · —	约 $b/3$	极限位置的轮廓线、相邻辅助零件的轮廓线

所有图线的宽度 b 应按图样的类型和尺寸大小在下列数据中选择：0.13 mm、0.18 mm、0.25 mm、0.35 mm、0.5 mm、0.7 mm、1 mm、1.4 mm、2 mm。

图 1-20 所示为常用图线应用举例。

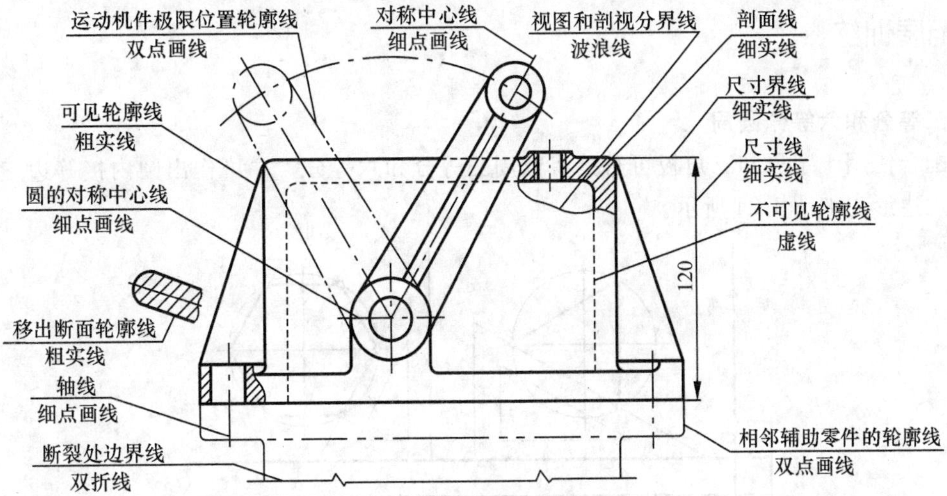

图 1-20 常用图线应用举例

同一图样中,同类图线的宽度应基本一致。虚线、点画线及双点画线的线段长短、间隔应各自大致相等,如图 1-21 所示。

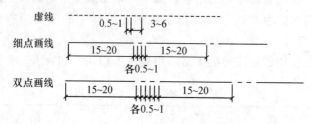

图 1-21　虚线、细点画线及双点画线的画法

当虚线及点画线与其他图线相交时,都应与线段相交,不应在空隙或短画处相交;当虚线是粗实线的延长线时,粗实线应画到分界点,而虚线应留有空隙;当虚线圆弧和虚线直线相切时,虚线圆弧的线段应画到切点,而虚线直线的线段需留有空隙,如图 1-22 所示。

绘制圆的对称中心线(细点画线)时,圆心应为线段的交点。点画线和双点画线的首末两端应是线段而不是短画,同时其两端应超出图形的轮廓线 2~5 mm。在较小的图形上绘制点画线或双点画线有困难时,可用细实线代替,如图 1-23 所示。

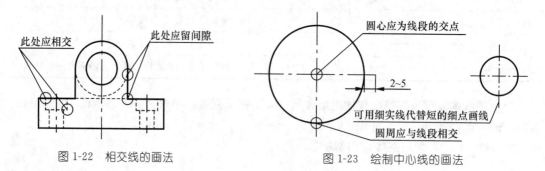

图 1-22　相交线的画法　　　　　图 1-23　绘制中心线的画法

★　**三等分和六等分圆周**

配合使用丁字尺和三角板可直接将圆周三等分和六等分,并可作出圆内接等边三角形和正六边形,如图 1-24 所示。

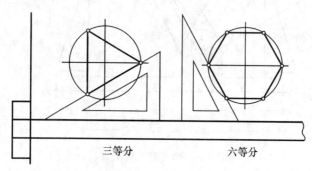

图 1-24　正六边形画法

任务 2　绘制工字钢图形

活动情景

现已知一工字钢的尺寸,请你运用对应的绘图仪器及工具绘制出如图 1-25 所示的工字钢图形。

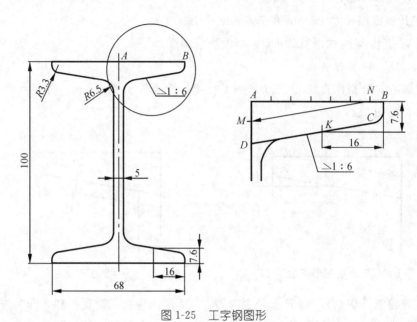

图 1-25　工字钢图形

任务要求

通过完成本任务,掌握平行线、相切圆、斜度、角度线和垂直线的画法,掌握分规的使用方法,理解锥度的概念和绘图方法(不要求绘制图框和标题栏)。

技能训练

1) 作对称线和已知直线

根据 100 mm 和 68 mm 尺寸,画两条长 68 mm、相距 100 mm 的水平实线,过中点画一条细点画线作为对称线,再以细点画线为中心左右对称画两条相距 5 mm 的平行实线,如图 1-26 所示。

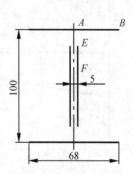

图 1-26　工字钢图形的绘制(1)

> **小提示** 课堂只需完成右上角部分的绘制，图形其余部分的绘制方法与此处相同，请同学们在课后独立完成。

2) 作 1:6 斜度线（见图 1-27）

(1) 在 AB 上取 AN 等于 6 个单位长。

(2) 过 A 点在中心线上取 AM 等于 1 个单位长。

(3) 连接 MN，即为 1:6 斜度线。

(4) 自 B 点根据尺寸 16 mm 和 7.6 mm 作 K 点。

(5) 过 K 点作 MN 的平行线 DC，即为所求斜线。

3) 作 $R6.5$ mm 圆弧连接

(1) 定圆心：分别作直线 DC、EF 的平行线，距离等于 6.5 mm，得交点 P，即为连接弧的圆心，如图 1-28 所示。

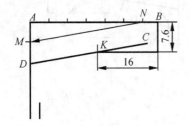

图 1-27 工字钢图形的绘制（2）

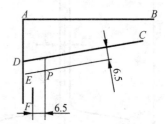

图 1-28 工字钢图形的绘制（3）

(2) 找连接点（切点）：自 P 点分别向 DC 及 EF 作垂线，垂足 1 和 2 即为连接点。

(3) 画连接弧：以 P 点为圆心，P1 或 P2 为半径，作圆弧 12 把 DC、EF 连接起来，这个圆弧即为所求连接弧，如图 1-29 所示。

4) 作 $R3.3$ mm 圆弧连接

(1) 定圆心：过 B 点作 AB 的垂线，再用平行线法分别以 3.3 mm 为距离作该垂线和 DC 的平行线，得交点 P，该点即为连接弧的圆心。

(2) 找连接点（切点）的方法同上。

(3) 画连接弧，如图 1-30 所示。

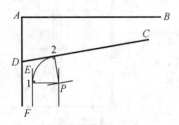

图 1-29 工字钢图形的绘制（4）

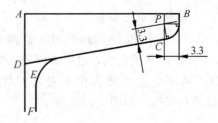

图 1-30 工字钢图形的绘制（5）

5）整理图形

擦去多余线条，将图形整理清晰，如图 1-31 所示。

6）检查

按照相同的方法作出另三处的斜度线和圆弧连接，并整理加深图线，完成全图（课后完成）。

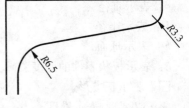

图 1-31　工字钢图形的绘制（6）

1. 尺寸标注

在工程图样中，尺寸是其重要的组成部分。图形只能表达机件的形状，而尺寸用于定量表达机件的大小。在图形绘制完成后，都要进行尺寸标注。对于比较复杂的图样，合理的尺寸标注可以使读图者迅速领会设计者的设计思想。

图样的尺寸标注应符合国家标准 GB 4458.4—2003。

1）尺寸的组成

一个完整的尺寸应由尺寸界线、尺寸线、尺寸线终端和尺寸数字 4 个要素组成，其示例如图 1-32 所示。

（1）尺寸界线。

尺寸界线用细实线绘制，由图形的轮廓线、轴线或对称中心线处引出。也可利用轮廓线、轴线或对称中心线作尺寸界线。尺寸界线通常与尺寸线垂直，并超出尺寸线终端 2~3 mm。

（2）尺寸线。

尺寸线用细实线绘制，必须单独画出，不能与图线重合或在其延长线上。

（3）尺寸线终端。

尺寸线终端使用箭头符号，箭头尖端与尺寸界线接触，如图 1-33 所示。

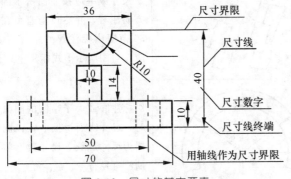

图 1-32　尺寸的基本要素

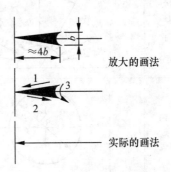

图 1-33　尺寸箭头符号的画法

（4）尺寸数字。

线性尺寸的数字一般应注写在尺寸线的上方或尺寸线的中断处，位置不够可引出标注。尺寸数字不可被任何图线所通过，否则必须把图线断开。

国家标准中规定了注写在尺寸数字周围的标注尺寸的符号，用以区分不同类型的尺寸，具体如下。

ϕ：表示直径。
R：表示半径。
S：表示球面。
δ：表示板状零件的厚度。
□：表示正方形。
◁（或 ∠）：表示锥度。
⌐（或 ∠）：表示斜度。
±：表示正负偏差。
×：表示参数分隔符，如 M10×1 等。
-：表示连字符，如 M10×1-6H 等。

2）基本规则

在标注尺寸时，注意以下要点。

(1) 图样上标注的尺寸数值应以机件的真实大小为依据，与图形大小及绘图的准确度无关。

(2) 图样中的尺寸，当以 mm 为单位时，不需标注计量单位的代号或名称；如采用其他单位，则必须注明计量单位的代号或名称。

(3) 图样中所注尺寸应是该图样所示机件最后完工时的尺寸，否则应另加说明。

(4) 机件的每一尺寸，一般只标注一次，并应标注在反映该结构最清晰的图形上。

3）常用尺寸的标注

常用尺寸的标注规则如表 1-4 所示。

表 1-4 常用尺寸的标注规则

标注内容	示　例	说　明
线性尺寸	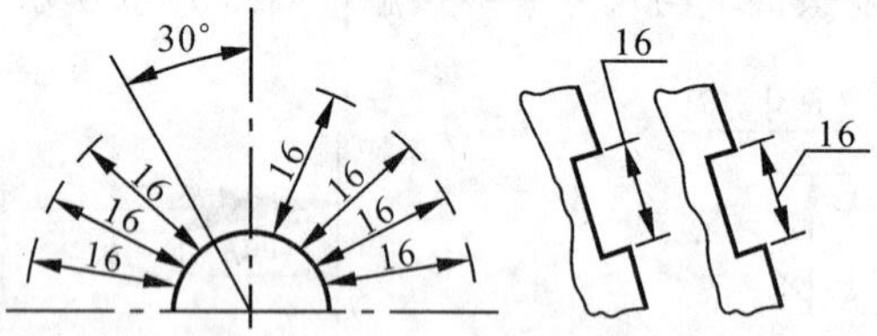	尺寸数字应按左图所示的方向注写，并尽可能避免在 30°范围内标注尺寸；否则，应按右图所示形式标注
圆弧 直径尺寸	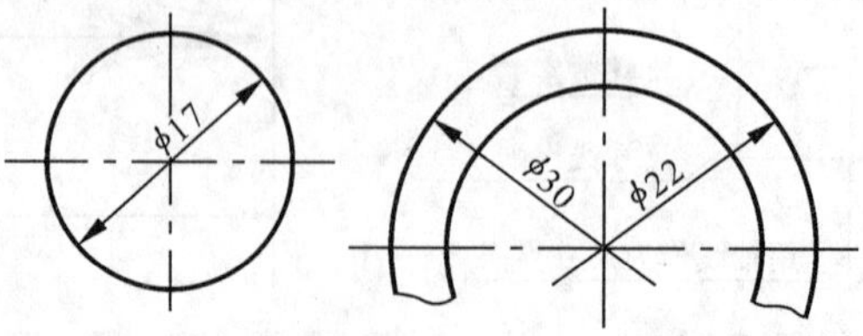	标注圆或大于半圆的圆弧时，尺寸线通过圆心，以圆周为尺寸界线，尺寸数字前加注直径符号"ϕ"
半径尺寸	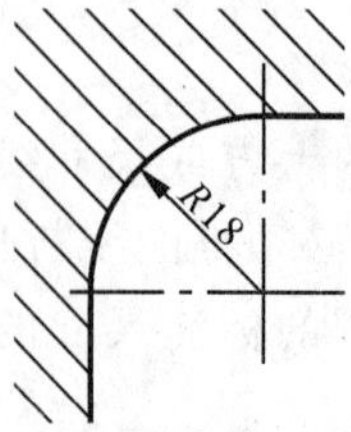	标注小于或等于半圆的圆弧时，尺寸线自圆心引向圆弧，只画一个箭头，尺寸数字前加注半径符号"R"

续表

标注内容	示例	说明
大圆弧	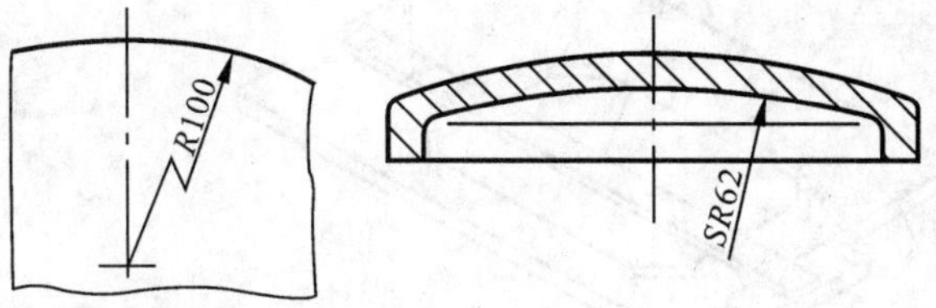	当圆弧的半径过大或在图纸范围内无法标注其圆心位置时，可采用折线形式。若圆心位置不需注明，则尺寸线可只画靠近箭头的一段
小尺寸	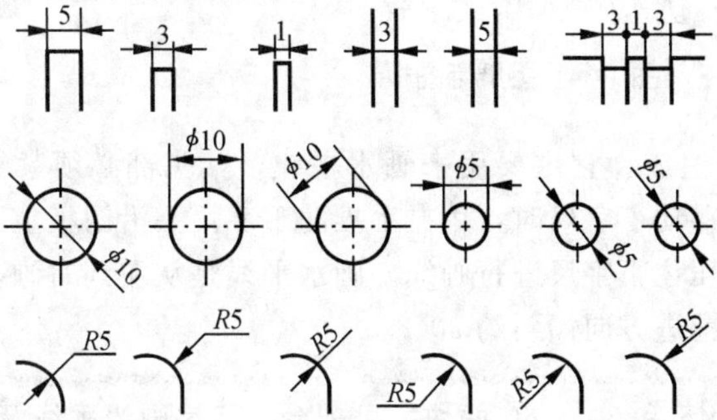	对于小尺寸在没有足够的位置画箭头或注写数字时，箭头可画在外面，或用小圆点代替两个箭头；尺寸数字也可采用旁注或引出的形式标注
球面	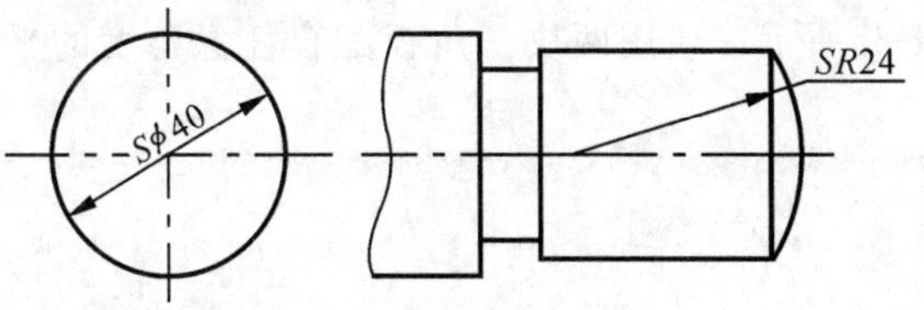	标注球面的直径或半径时，应在尺寸数字前分别加注符号"$S\phi$"或"SR"
角度	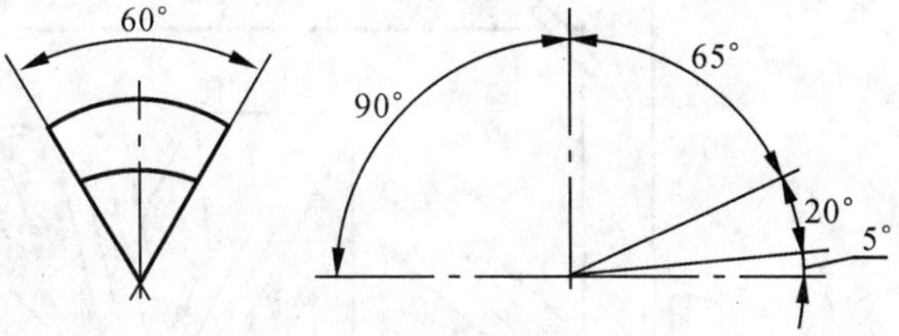	尺寸界线应沿径向引出，尺寸线画成圆弧，圆心是角的顶点。尺寸数字水平书写，一般注写在尺寸线的中断处，必要时也可按左图的形式标注
只画一半或大于一半的对称机件	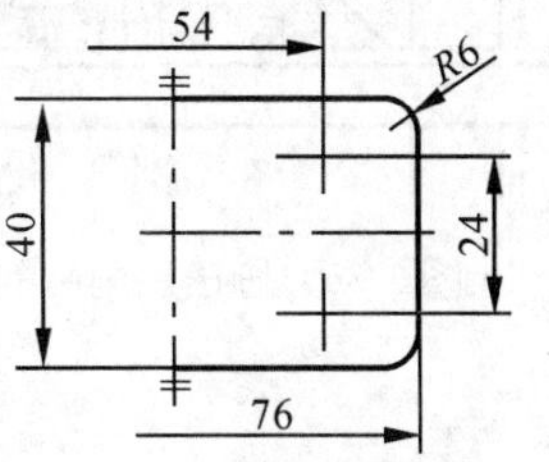	尺寸线应略超过对称中心线或断裂处的边界线，仅在尺寸线的一端画出箭头

2. 认识图板、丁字尺和三角板

图板是铺贴图纸用的，要求板面平滑、光洁。图板的左侧边为丁字尺的导边，必须平直、光滑。图纸用胶带纸固定在图板上。当图纸较小时，应将图纸铺贴在图板靠近左侧的位置，如图 1-34 所示。

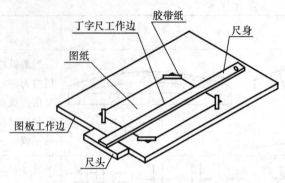

图 1-34　图纸与图板

丁字尺由尺头和尺身两部分组成。它主要用来画水平线，其头部必须紧靠绘图板左边，然后在丁字尺的上边画线。移动丁字尺时，用左手推动丁字尺头沿图板上下移动，把丁字尺调整到准确的位置，然后压住丁字尺进行画线。画水平线是从左到右画，铅笔前后方向应与纸面垂直，且向画线的前进方向倾斜约 30°。

> **小提示**　三角板分 45°和 30°、60°两块，可配合丁字尺画铅垂线及 15°倍角的斜线，如图 1-35 所示；或用两块三角板配合任意角度的平行线或垂直线，如图 1-36 所示。

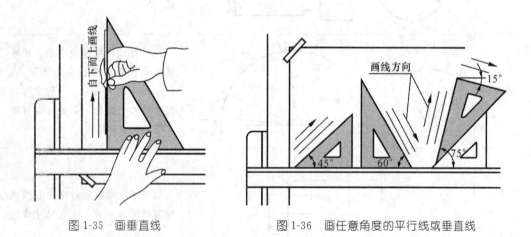

图 1-35　画垂直线　　　　　图 1-36　画任意角度的平行线或垂直线

3. 认识绘图铅笔

绘图铅笔的铅芯分别用 B 和 H 表示其软、硬程度，绘图时根据不同使用要求，应准备以下几种不同软、硬度的铅笔。

(1) 2B 或 B：画粗实线用。

(2) HB 或 H：画箭头和写字用。

(3) H 或 2H：画各种细线和画底稿用。

其中用于画粗实线的铅笔磨成矩形，其余的磨成圆锥形，如图 1-37 所示。

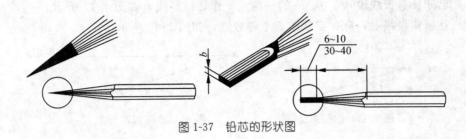

图 1-37 铅芯的形状图

4. 认识圆规和分规

圆规用来画圆和画圆弧。画图时应尽量使钢针和铅芯都垂直于纸面，钢针的台阶应与铅芯尖平齐，使用方法如图 1-38～图 1-40 所示。

分规主要用来量取线段长度或等分已知线段。分规的两个针尖应调整平齐。从比例尺上量取长度时，针尖不要正对尺面，应使针尖与尺面保持倾斜。用分规等分线段时，通常要用试分法。分规的用法如图 1-41 所示。

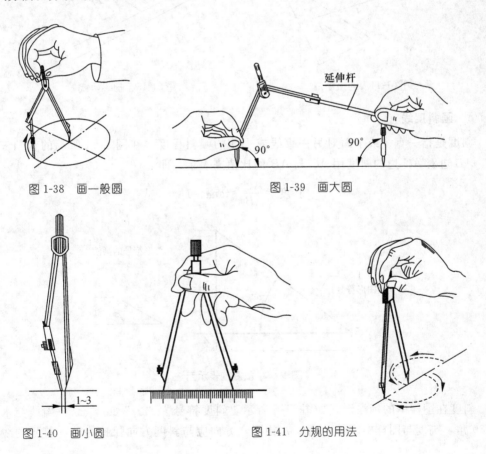

图 1-38 画一般圆　　图 1-39 画大圆

图 1-40 画小圆　　图 1-41 分规的用法

5. 等分线段

等分线段就是将一条线段根据需要分成若干等分，用比例法可以任意等分线段，下面以五等分线段为例说明作图步骤。

(1) 已知任意长线段 ab，从 ab 的一端点 a 作任一斜线，如图 1-42 所示。
(2) 在所作斜线上，自 a 点截取五个等分点，如图 1-43 所示。

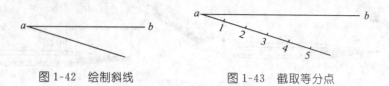

图 1-42　绘制斜线　　　　　　图 1-43　截取等分点

(3) 连接 5 点和 b 点，如图 1-44 所示。
(4) 分别过 1、2、3、4 点作线段 $5b$ 的平行线，与线段 ab 分别交于点Ⅰ、Ⅱ、Ⅲ、Ⅳ。这些交点即为线段 ab 的五个等分点，如图 1-45 所示。

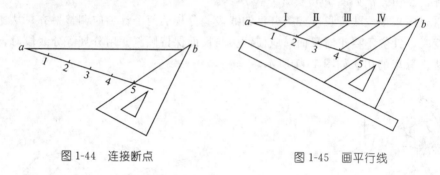

图 1-44　连接断点　　　　　　图 1-45　画平行线

6. 画斜度线

斜度是指一直线或平面对另一直线或平面的倾斜程度。在图 1-46 所示的直角三角形中，AB 边对 AC 边的斜度用 AC 与 AB 的比值来表示，即

$$斜度 = \frac{AC}{AB} = \tan\alpha = 1 : n$$

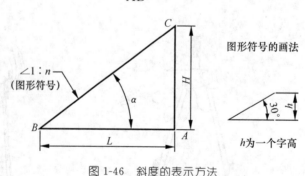

图 1-46　斜度的表示方法

斜度在图样中的标注形式如图 1-46 所示。斜度符号为"⌒"或"∠"，斜线与水平线成 30°角，高度与图样中字体的高度 h 相同，方向应与斜度方向保持一致，符号的线宽为 $h/10$。

斜度为 1∶6 线段的画法如下。

(1) 任取 1 个单位长度作垂线 OA，并作水平线 OB（长度为 6 个单位），然后连接 AB，如图 1-47 所示。

（2）过 B_2 点作 B_2A_1 平行于 AB，即为所求的斜度线，最后标注尺寸和斜度，如图 1-48 所示。

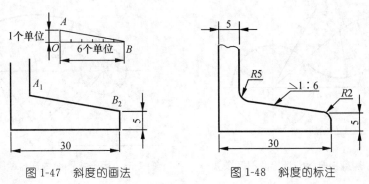

图 1-47 斜度的画法　　图 1-48 斜度的标注

7. 圆弧连接

用已知半径但未知圆心位置的圆弧（称为连接弧）光滑地连接两已知线段（直线或圆弧），即与两已知线段相切，称为圆弧连接。圆弧与圆弧的光滑连接，关键在于正确找出连接圆弧的圆心，以及切点的位置。

1）用弧连接两已知直线

用弧连接两已知直线主要有三种情况，分别如图 1-49～图 1-51 所示。

主要作图步骤如下。

（1）作与已知两边分别相距为 R 的平行线，交点即为连接弧的圆心 O。

（2）过 O 点分别向已知角两边作垂线，垂足 T_1、T_2 即为切点。

（3）以 O 点为圆心、R 为半径，在两切点 T_1、T_2 之间画连接圆弧。

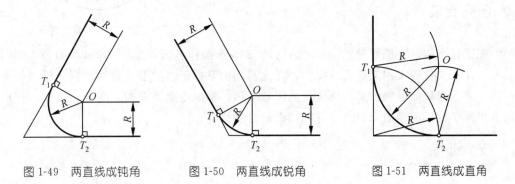

图 1-49 两直线成钝角　　图 1-50 两直线成锐角　　图 1-51 两直线成直角

2）用连接圆弧外连接两已知圆弧

主要作图步骤如下。

（1）分别以 O_1、O_2 为圆心，$R+R_1$、$R+R_2$ 为半径画弧，交点即为连接弧的圆心 O。

（2）分别连 OO_1、OO_2，交得切点 T_1、T_2。

（3）以 O 为圆心，R 为半径画弧，即为所求圆弧，如图 1-52 所示。

3）用连接圆弧内连接两已知圆弧

主要作图步骤如下。

（1）分别以 O_1、O_2 为圆心，$R-R_1$、$R-R_2$ 为半径画弧，交点即为连接弧的圆心 O。

(2) 分别连 OO_1、OO_2，并延长交得切点 T_1、T_2。

(3) 以 O 为圆心、R 为半径画弧，即为所求圆弧，如图 1-53 所示。

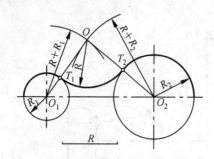 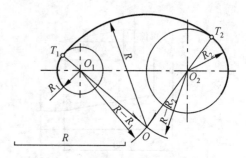

图 1-52　用连接圆弧外连接两已知圆弧　　　图 1-53　用连接圆弧内连接两已知圆弧

任务3　运用 AutoCAD 绘制趣味五角星图形

活动情景

请在 acadiso.dwt 的基础上，建立一个 meself.dwt 的模板，并使用该模板创建如图 1-54 所示的五角星图形，并在图示区域填充 triang 图案，完成后以五角星.dwg 为文件名保存到 D 盘。

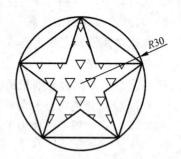

图 1-54　五角星图形

任务要求

完成任务以后，能够熟悉 AutoCAD 2008 基本操作界面，掌握 AutoCAD 2008 新建、打开、保存文件等常用文件管理操作，在此基础上掌握正多边形、直线、圆等绘图指令及用法，掌握修剪命令的意义、用法及其注意事项。掌握图案填充的基本操作方法，把前面任务中所学的机械制图知识与计算机辅助设计相结合。

技能训练

1. 建立 meself.dwt 的模板

（1）双击桌面图标[图]，打开 AutoCAD 2008 中文版。

（2）单击打开文件按钮[图]，弹出"选择文件"对话框，"文件类型"选择图形样板（*.dwt），选择 acadiso.dwt 文件，单击"打开"按钮，进入 acadiso 模板。

（3）点击"文件""另存为"，选择目录，如 D:\pj1，输入文件名为 meself，如图 1-55 所示，单击"保存"按钮，弹出"样板选项"对话框，单击"确定"按钮，完成模板的新建，如图 1-56 所示。

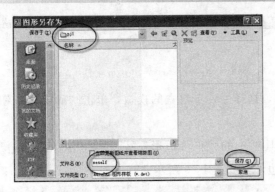
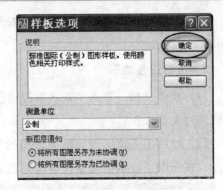

图 1-55 "图形另存为"对话框　　　　图 1-56 "样板选项"对话框

（4）单击"图层特性管理器"按钮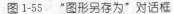，弹出"图层特性管理器"对话框，进行如图 1-57、图 1-58 所示操作以后，单击"确定"按钮，完成图层设置。

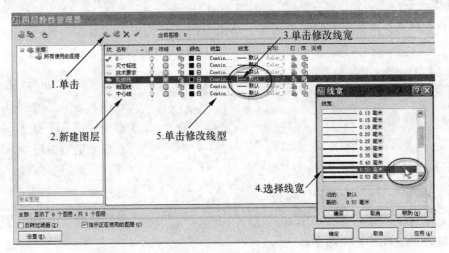

图 1-57 图层设置 1

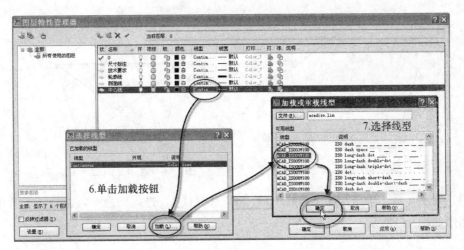

图 1-58 图层设置 2

(5) 单击标准工具栏的"保存"按钮📄，或者使用键盘组合键 CTRL+S，保存 me-self.dwt 模板。

2. 绘制正多边形

(1) 新建文档。单击"新建"按钮📄，选择上一步建立的模板，单击"确定"按钮，完成新建文档操作。

(2) 绘制正五边形用鼠标单击绘图工具栏中的"正多边形"按钮⬠，进入正多边形命令，按照以下提示依次操作可得到正五边形，如图 1-59 所示。

```
/命令：_polygon，输入边的数目<4>：5↙        //输入数值5确定边数
/指定正多边形的中心点或 [边（E）]：0，0↙    //确定多边形的中心位置
/输入选项 [内接于圆（I）/外切于圆（C）]<I>：I↙  //选择内接于圆法
/指定圆的半径：30↙                          //输入圆的半径
```

(3) 直线连接正多边形的各个顶点。单击绘图工具栏中的"直线"按钮✏，进入直线命令：

```
/命令：l LINE 指定第一点：                   //鼠标选择第一顶点 A
/指定下一点或 [放弃（U）]：                  //连接确定第二顶点 D
/指定下一点或 [放弃（U）]：                  //连接确定第三顶点 B
/指定下一点或 [闭合（C）/放弃（U）]：        //连接确定第四顶点 E
/指定下一点或 [闭合（C）/放弃（U）]：        //连接确定第五顶点 C
/指定下一点或 [闭合（C）/放弃（U）]：        //连接确定第一顶点 A
/指定下一点或 [闭合（C）/放弃（U）]：↙       //直线连接结束
```

绘制的图形如图 1-60 所示。

图 1-59　正五边形

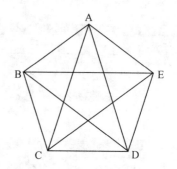
图 1-60　连接正五边形的顶点

(4) 画 φ30 圆。单击绘图工具栏中的"圆"按钮⊙，进入圆命令，进行以下操作，绘制的图形如图1-61所示。

命令：c CIRCLE 指定圆的圆心或 [三点 (3P) /两点 (2P) /相切、相切、半径 (T)]：0, 0↙
指定圆的半径或 [直径 (D)]：30↙   //指定圆心以后指定半径

(5) 修剪。修剪连接五角星直线中不需要的部分的具体操作如下，修剪后的图形如图 1-62 所示。

单击修改工具栏中的"修剪"按钮 ╶╱╴ 或键盘输入 TR，进入修剪命令：

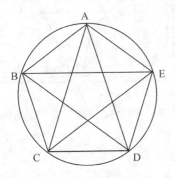

图 1-61　绘制 φ30 的圆

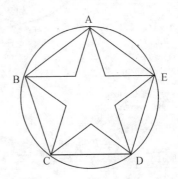

图 1-62　修剪多余的线条

命令：tr TRIM
当前设置：投影＝UCS，边＝无
选择剪切边...
选择对象或＜全部选择＞：
选择对象：找到 1 个
选择对象：找到 1 个，总计 2 个↙   //回车确定剪切边的选取
选择要修剪的对象：
或按住 Shift 键选择要延伸的对象：
或 [栏选(F)/窗交(C)/投影(P)/边(E)/删除(R)/放弃(U)]：
                                        //用鼠标选择要修剪的地方

修剪完成后，按回车键或 ESC 键退出命令。

(6) 填充图案。"图案填充"命令有三种主要设置选项卡，即剖面线、岛的剖面线、渐变色。单击工具栏中的"填充图案"命令图标 ▨，或者按键盘快捷键 H，弹出如图 1-63 所示的"图案填充编辑"对话框，单击"样例"弹出如图 1-63 所示的"填充图案选项板"对话框，选择图案为 TRIANG，单击"确定"按钮后关闭图案选项板；再点击"拾取点"按钮，然后选择五角星中间空白位置再单击"确定"按钮，便可以成功填充如图 1-54 所示图案。

开放思维：请同学们选择其他图案或方式填充五角星。

(7) 保存文件。完成以上操作后，单击"保存"按钮，选择 D:\pj1 目录，输入文件名为五角星.dwg，单击"确定"按钮，完成保存操作。

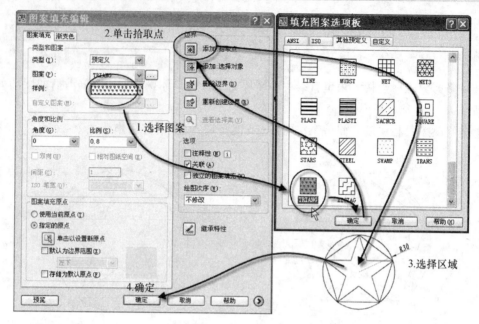

图 1-63　填充图案

基本知识

1. 认识 AutoCAD 2008 的工作界面

启动 AutoCAD 2008 应用程序后，进入 AutoCAD 2008 的初始工作界面，如图 1-64 所示。该工作界面主要由标题栏、菜单栏、绘图工具栏、修改工具栏、绘图区、命令提示行与状态栏等几部分组成。

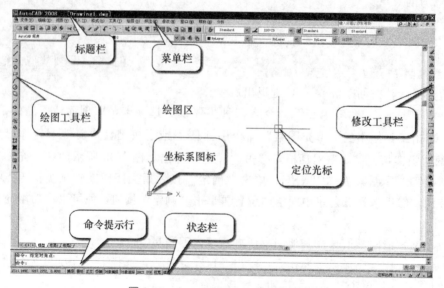

图 1-64　AutoCAD 2008 的工作界面

用户可根据工作需要或个人喜好，对 AutoCAD 2008 的界面进行定制。在 AutoCAD 2008 版本中提供了 AutoCAD 经典、二维草图与注释、三维建模三种典型界面，可通过单击"工具"/"工作空间"进行设置。这三种界面包含相应工具按钮的面板，分别适用于不同的工作要求。

2. 正多边形命令

用"绘图"菜单栏中的"正多边形"命令或绘图工具栏中的"正多边形"图标，绘制正多边形的方法有内接于圆法、外切于圆法、边长法三种。

（1）内接于圆法：是指用内接圆的方式定义正多边形。

（2）外切于圆法：是指用外切圆的方式定义正多边形。

（3）边长法：是指通过指定多边形边的方式来绘制正多边形，该方式将通过边数和边长来确定正多边形。

3. 修剪命令

"修剪"命令的使用非常频繁。使用"修剪"命令时，应当注意先选修剪边界，回车后再选修剪对象。对复杂的图形可以采用框选需要修剪的区域为修剪边界的方法，这样可提高效率。注意区别"修剪"命令和"删除"命令的不同，"删除"命令删去的是整个选中的对象，而"修剪"命令只是剪去选中对象的一部分。正是因为如此，"删除"命令图标的图案像一块橡皮擦，"修剪"命令图标的图案像一把剪刀。

任务 4　运用 AutoCAD 绘制工字钢图形

活动情景

在 CAD 技能竞赛中，要求选手能够快速、准确地把纸质的图纸转化为 CAD 二维图档，这就要求选手熟练掌握 CAD 的各项绘图功能。

任务要求

用 CAD 抄画任务 2 中手工绘制的工字钢图纸，通过完成本任务，读者能够掌握 CAD 的直线、倒圆角等绘图命令，灵活运用"偏移"、"镜像"等命令。

技能训练

1. 绘图思路

工字钢的主要特点是图形关于两条中心线成轴对称，其具体尺寸如图 1-65 所示。通过分析可以看出，工字钢由直线和圆弧组合而成。

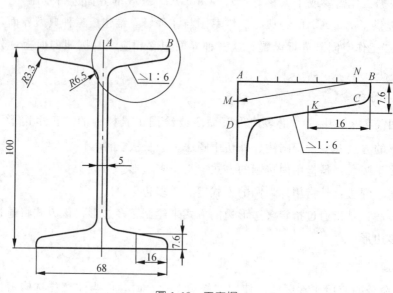

图 1-65　工字钢

在图形的绘制过程中，可以根据尺寸先绘制图形的 1/4，进行必要的修剪，再运用"镜像"命令完成图形的绘制。在绘制过程中可以充分体现 CAD 制图的优越性。

2. 绘图过程

（1）启动 AutoCAD 2008 中文版。

（2）使用 meself.dwt 模板，建立新文件工字钢.dwg。

（3）使用"图形特性管理器"设置"中心线"图层为当前层，如图 1-66 所示。

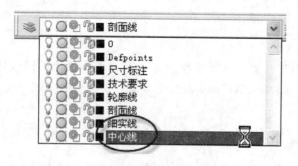

图 1-66　设置图层

（4）绘制中心线，如图 1-67 所示。

① 打开正交模式：单击状态行上的"正交"按钮 正交 ，或者按键盘 F8 键使其处于凹下状态。

② 单击绘图工具栏中的"直线"按钮 ，在适当位置绘制图形中的水平线 a 和垂直线 b。

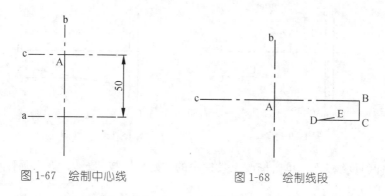

图 1-67　绘制中心线　　　　　　图 1-68　绘制线段

(5) 单击修改工具栏中的"偏移"按钮，偏移出水平线 c。

```
命令：o OFFSET
当前设置：删除源=否  图层=源  OFFSETGAPTYPE=0
指定偏移距离或 [通过 (T) /删除 (E) /图层 (L)] <通过>：50↙    //输入偏移距离
选择要偏移的对象，或 [退出 (E) /放弃 (U)] <退出>：           //选择水平线 a
指定要偏移的那一侧上的点，或 [退出 (E) /多个 (M) /放弃 (U)] <退出>：
                                                          //在水平线 a 的
                                                          　上侧单击
```

(6) 设置轮廓线为当前图层，单击绘图工具栏中的"直线"按钮，绘制线段，如图 1-68 所示。

```
命令：LINE 指定第一点：                        //捕捉 A 点作起点
指定下一点或 [放弃 (U)]：@34,0↙               //B 点
指定下一点或 [放弃 (U)]：@0,-7.6↙             //C 点
指定下一点或 [闭合 (C) /放弃 (U)]：@-16,0↙    //D 点
指定下一点或 [闭合 (C) /放弃 (U)]：@6,1↙      //E 点，DE 的斜度为 1:6
指定下一点或 [闭合 (C) /放弃 (U)]：↙          //回车结束
```

(7) 创建平行直线。单击"偏移"按钮，进入偏移操作，形成线段 d，如图 1-69 所示。

```
命令：o OFFSET
当前设置：删除源=否 图层=源 OFFSETGAPTYPE=0
指定偏移距离或 [通过 (T) /删除 (E) /图层 (L)] <50.0000>：2.5↙  //输入偏移距离
选择要偏移的对象，或 [退出 (E) /放弃 (U)] <退出>：              //选择中心线 b
指定要偏移的那一侧上的点，
或 [退出 (E) /多个 (M) /放弃 (U)] <退出>：                     //在 b 线右侧单击
选择要偏移的对象，或 [退出 (E) /放弃 (U)] <退出>：↙            //结束偏移命令
```

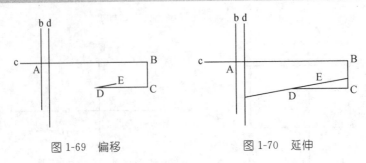

图 1-69 偏移　　　　　　　图 1-70 延伸

(8) 延伸斜度线 DE。单击修改工具栏中的"延伸"按钮 ⇥/，进入延伸命令，完成效果如图 1-70 所示。

```
命令:ex EXTEND
选择对象或<全部选择>:找到 1 个         //选择线段 BC 作为 DE 延伸的边界
选择对象:找到 1 个,总计 2 个          //选择线段 d 作为 DE 延伸的另一个边界
选择对象:↙                         //回车确定边界的选取
选择要延伸的对象,或按住 Shift 键选择要修剪的对象,或
[栏选(F)/窗交(C)/投影(P)/边(E)/放弃(U)]:    //单击线段 DE 的近 E 点处,将 DE 延
                                          伸到线段 BC
选择要延伸的对象,或按住 Shift 键选择要修剪的对象,或
[栏选(F)/窗交(C)/投影(P)/边(E)/放弃(U)]:    //单击线段 DE 的近 D 点处,将 DE 延
                                          伸到线段 d
选择要延伸的对象,或按住 Shift 键选择要修剪的对象,或
[栏选(F)/窗交(C)/投影(P)/边(E)/放弃(U)]:↙   //结束延伸命令
```

(9) 绘制 $R3.3$ mm 和 $R6.5$ mm 的圆弧连接，如图 1-71 所示。

单击修改工具栏中的"圆角"按钮 ⌐，进行以下操作。

```
命令:f FILLET
当前设置:模式 = 修剪,半径 = 0.0000
选择第一个对象或[放弃(U)/多段线(P)/半径(R)/修剪(T)/多个(M)]:r↙   //设置半径
指定圆角半径<0.0000>:3.3↙                              //输入圆角半径 3.3
选择第一个对象或[放弃(U)/多段线(P)/半径(R)/修剪(T)/多个(M)]:    //选择 BC 线段
选择第二个对象,或按住 Shift 键选择要应用角点的对象:          //选择 DE 线段
```

> 📖 **小提示**　用同样的方法绘制 $R6.5$ mm 的圆弧连接。

(10) 删除多余的线：单击修改工具栏中的"删除"按钮 ✎，进入删除命令，选择 DC 线，回车确定删除。

(11) 作出对称图形：绕指定轴翻转对象，创建对称的镜像图形，如图 1-72 所示。

单击修改工具栏中的"镜像"按钮 ⚠，进行以下操作。

命令：mi MIRROR
选择对象：指定对角点：找到 6 个　　　　　　　//用框选方式选取需镜像的源对象
　　　　　　　　　　　　　　　　　　　　　　　（从左向右框选）
选择对象：✓
指定镜像线的第一点：　　　　　　　//捕捉对称线 b 上任意一点
指定镜像线的第二点：　　　　　　　//捕捉对称线 b 上另外任意一点
要删除源对象吗？[是（Y）/否（N）]＜N＞：✓　//选择是否删除源对象，默认否，回
　　　　　　　　　　　　　　　　　　　　　　车确定

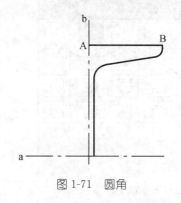

图 1-71　圆角　　　　　　　　图 1-72　镜像

再次使用镜像命令，以线 a 为对称轴作镜像，如图 1-73 所示。

（12）校核图形：对图形进行加工，删除掉不需要的线段。

① 用"删除"按钮 ✎，删除多余的对象，如 a 线等。

② 用"打断"按钮 ▭，将过长的线段打断至合适长度，如中心线等。

③ 用"修剪"按钮 ⊢/⊣，修剪多余的线段。

（13）保存：单击"文件"/"保存"，将绘制的图形保存为 D：\pj1\工字钢.dwg

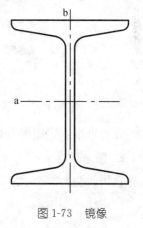

图 1-73　镜像

基本知识

1. 定数等分点绘制

1）功能

在选定的实体上作 n 等分处绘制点标记或插入块，如图 1-74 所示。

2）格式

（1）选择下拉菜单"绘图"/"点"/"定数等分（D）"。

（2）键盘输入 div，系统提示如下。

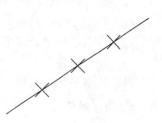

图 1-74　定数等分

选择要定数等分的对象：   //选择要等分的对象
输入线段数目或［块（B）］：4↙   //数目在 2～32 767 之间

3）设置点样式

因为 CAD 系统默认的点样式为一个点，不易辨认，因此需要设置点的样式，如图 1-75 所示。点样式可以选择多种形式，这里选择第一行第四列的点样式。设置方法：选择下拉菜单"格式"/"点样式..."，系统弹出如图 1-75 所示"点样式"对话框，选择需要的点样式图标。

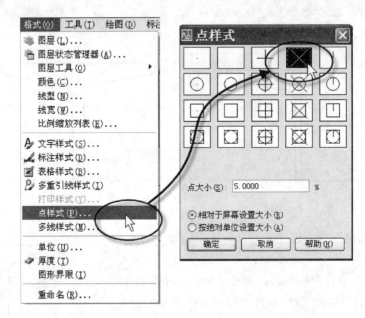

图 1-75　设定点样式

开放思维：定距等分如何进行？

2. 圆角

利用"圆角"命令，可以将两个对象用一段圆弧光滑过渡。调用命令的方式如下。
命令行：FILLET 或 F。
菜单："修改"/"圆角"。
工具栏："修改"/"圆角"按钮 。
"圆角"命令的使用介绍如下。
（1）指定半径倒圆角。
（2）由系统自动计算半径。
（3）指定半径为 0。
（4）绘制外切圆弧。

3. 偏移对象

利用"偏移"对象命令，可以将一个图形对象在其一侧作等距复制，如平行直线、同心圆和平行曲线等。调用命令的方式如下。

命令行：OFFSET 或键盘字母 O。

菜单："修改"/"偏移"。

工具栏："修改"/"偏移"按钮。

使用该命令常用的方式有以下两种。

1）指定偏移距离

该方式是通过给定一个数值对源对象进行偏移。

```
命令：_offset                                              //启动偏移命令
指定偏移距离或［通过（T）/删除（E）/图层（L）］〈通过〉：10↵   //输入偏移距离
选择要偏移的对象，或［退出（E）/放弃（U）]〈退出〉         //选择直线 AB
指定要偏移的那一侧上的点，
或［退出（E）/多个（M）/放弃（U）]<退出>：↵                //将十字光标放在源
                                                          对象的左侧单击
选择要偏移的对象，或［退出（E）/放弃（U）]<退出>：         //退出命令
```

通过以上操作，得到如图 1-76 所示图形。

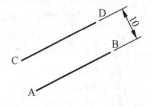
图 1-76 指定偏移距离

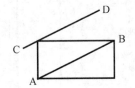
图 1-77 "偏移"直线到指定位置

2）通过

如图 1-77 所示，用户如需绘制直线 AB 的平行线 CD，由于两直线的距离在图样中没有给出，所以不能使用第一种方式。在执行"偏移"命令后，选择"通过（T）"选项，就可以快捷地完成图中平行线的绘制。具体操作步骤如下。

```
命令：_offset                                              //启动偏移命令
指定偏移距离或［通过（T）/删除（E）/图层（L）］〈通过〉：t   //选择"通过"选项
选择要偏移的对象，或［退出（E）/放弃（U）]〈退出〉         //选择直线 AB
指定通过点或［退出（E）/多个（M）/放弃（U）]<退出>：       //捕捉矩形的左上角点
选择要偏移的对象，或［退出（E）/放弃（U）]<退出>：         //退出命令
```

拓展训练

★ **对象捕捉**

用户绘图时，经常要在已有的图形对象上指定一些特殊点，如圆心、切点、线段的端

点、中点等，以便把将要输入的点精确地定位在这些特殊点上。利用对象捕捉功能，可以轻松、快捷地将这些点找到。

对象捕捉分为临时对象捕捉和自动对象捕捉。

1）临时对象捕捉

启动临时对象捕捉常用的方法有两种：一是通过选择"对象捕捉"工具栏中的相应按钮进行对象捕捉，如图 1-78 所示；二是在按下"Shift"键或"Ctrl"键的同时单击鼠标右键，弹出如图 1-79 所示的快捷菜单，在菜单中选择相应的按钮。

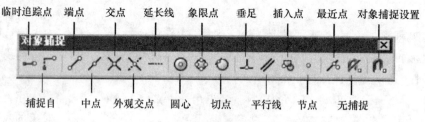

图 1-78 对象捕捉工具

图 1-79 对象捕捉菜单

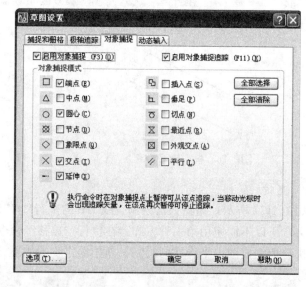

图 1-80 对象捕捉设置

2）自动捕捉功能

该模式是一种长效使用的捕捉模式，其打开和关闭可通过单击工具栏中的"对象捕捉"选项或按键盘 F3 功能键来实现。当"对象捕捉"模式处于打开状态时，能自动捕捉到事先设定的特殊点，直到关闭为止。

菜单："工具"/"草图设置"/"对象捕捉"。

工具栏："对象捕捉"按钮 。

快捷方式：将光标放在工具栏中的"对象捕捉"选项上右键单击。

上述任一种方法都能打开如图 1-80 所示"对象捕捉"对话框，用户可以进行各种捕捉功能的设置。

项目小结

本项目设置了手工绘图和计算机 CAD 辅助绘图的 4 个任务,为引领读者掌握机械制图的基本技能,了解机械制图的一些标准作出了努力。同学们要设想自己是一名工程制图人员,或者竞赛选手,要善于学习和思考,保证出图的速度并符合标准。机械制图要求很严谨,绘图过程中,无论是手工还是 CAD 绘图,都要注意保证图的正确与整洁,不要残留作图污渍。通过完成本项目,能够掌握机械制图和 CAD 制图的基本技能,为后面项目的学习打下坚实的基础。

思考与练习

1. 手工绘图:请绘制图 1-81 所示图形以及图 1-82 所示图形。
2. CAD 绘图:使用 AutoCAD 2008 软件绘制图 1-81~图 1-84 所示图形。

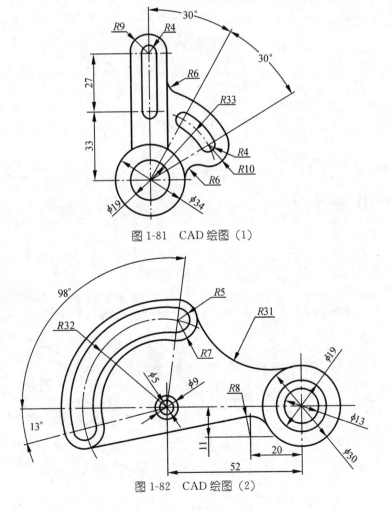

图 1-81 CAD 绘图(1)

图 1-82 CAD 绘图(2)

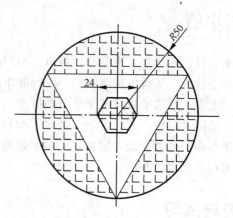

图 1-83　CAD 绘图（3）　　　　图 1-84　CAD 绘图（4）

项目 2

绘制简单零件

∧θθθθ⊃

本项目讨论如何绘制简单零件的三视图，并利用AutoCAD 2008绘制其三视图。

∧θθθθ⊃

（1）学习正投影的概念和三视图的形成原理，熟悉基本体的投影特性。

（2）理解截断体和相贯体的概念，以及组合体三视图的投影规律。

（3）绘制简单零件的轴测图。

（4）运用AutoCAD 2008绘制三视图和轴测图。

【能力目标】

（1）掌握三视图的绘制方法和技巧；学会基本体三视图截交线、相贯线的画法和尺寸标注。

（2）掌握组合体三视图的画法及尺寸标注，并能正确识读组合体三视图，会补画视图、补画缺线。

（3）掌握AutoCAD 2008绘制三视图、轴测图的方法和技巧。

任务 1　绘制棱柱、棱锥三视图

活动情景

任何物体都可以看成由若干基本体组合而成。基本体包括平面体和曲面体两类。平面体的每一个表面都是平面，如棱柱、棱锥等。下面让我们一起来学习如何用正投影法来表达平面体的形状。

任务要求

（1）学会根据棱柱、棱锥的空间位置手工绘制其三视图。
（2）理解并掌握三视图的投影规律。
（3）学会对三视图进行尺寸标注。

工作任务

（1）绘制六棱柱的三视图，并标注尺寸，如图 2-1 所示。

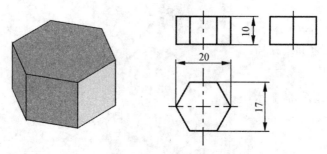

图 2-1　绘制六棱柱的三视图

（2）绘制四棱锥的三视图，并标注尺寸，如图 2-2 所示。

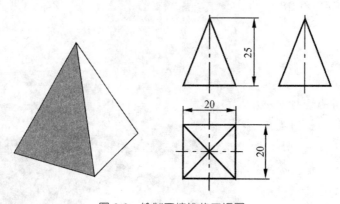

图 2-2　绘制四棱锥的三视图

技能训练

1. 工作任务 1 操作步骤

(1) 将六棱柱放置在三面投影系中,使其底面(顶面)平行于水平面 H,前面(后面)平行于正面 V,如图 2-3(a)所示。

(2) 作三视图的作图基准线,如图 2-3(b)所示。

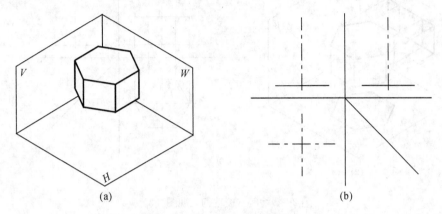

图 2-3 绘制六棱柱的三视图(1)

(3) 如图 2-4(a)所示,将六棱柱向 H 面投影得到棱柱的俯视图,是一个正六边形。

> **小提示** 该投影为特征投影,正六边形的面为正六棱柱的上、下面的投影,正六边形的边为六棱柱六个侧面的投影,如图 2-4(b)所示。

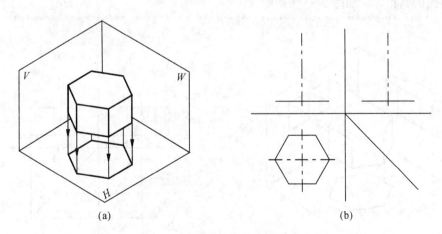

图 2-4 绘制六棱柱的三视图(2)

(4) 如图 2-5(a)所示,将六棱柱向 V 面投影得到六棱柱的主视图,它由三个矩形框组成。

三个矩形框分别为棱柱的前三个侧面的投影，后三个侧面与前三个侧面重合，画图时必须使矩形线框与俯视图的对应点对齐，如图 2-5（b）所示。

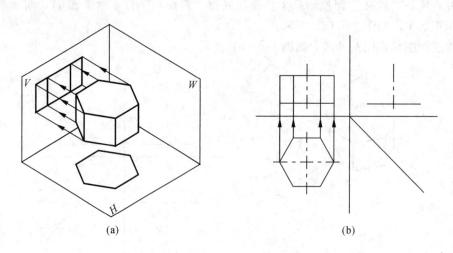

图 2-5　绘制六棱柱的三视图（3）

（5）如图 2-6（a）所示，将六棱柱向 W 面投影得到六棱柱的左视图，它由两个矩形框组成。

小提示　两个矩形框分别为棱柱的左边两个侧面的投影，右边两个侧面与左边两个侧面重合，画图时必须使矩形线框与主视图的线框高平齐，与俯视图的宽相等，如图 2-6（b）所示。

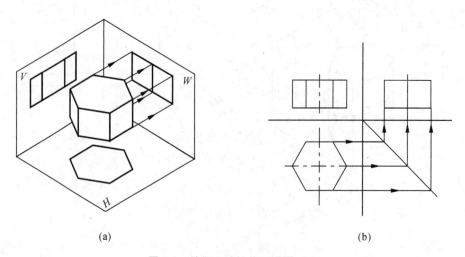

图 2-6　绘制六棱柱的三视图（4）

(6) 擦去辅助线，检查后加深线条完成全图，如图 2-7 所示。
(7) 对三视图标注尺寸，如图 2-8 所示。

> 📖 小提示　对物体的长、宽、高分别进行标注，主、左视图同时反映了物体的高，根据规定，同一尺寸只标注一次，所以标在主视图上；主、俯视图同时反映了物体的长，将其标注在俯视图上；由于俯视图是正六边形，所以宽度尺寸作为参考尺寸进行了标注，如图 2-8 所示。

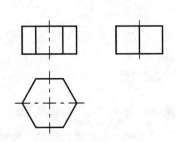 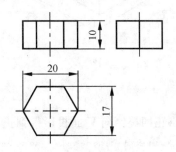

图 2-7　绘制六棱柱的三视图（5）　　图 2-8　绘制六棱柱的三视图（6）

2. 工作任务 2 操作步骤

(1) 将正四棱锥放到三面投影系中，使其底面平行于水平面 H，前面（后面）垂直于侧面 W，如图 2-9（a）所示。

(2) 画出三个视图的中心线作为基准线，如图 2-9（b）所示。

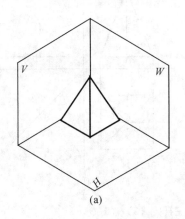 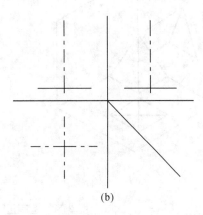

图 2-9　绘制正四棱锥的三视图（1）

(3) 将正四棱锥向 H 面投影得到正四棱锥的俯视图，如图 2-10（a）所示。

> 📖 小提示　棱锥的底面平行于 H 面，因而在俯视图中反映的是一个正方形。四个侧面都与水平面倾斜，它们的俯视图为四个不显示真实形状的三角形线框，如图 2-10（b）所示。

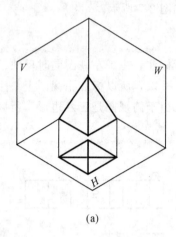 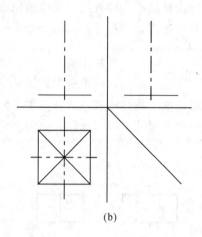

(a)   (b)

图 2-10 绘制正四棱锥的三视图（2）

（4）将正四棱锥向 V 面投影得到正四棱锥的主视图，如图 2-11（a）所示。

> 小提示　主视图是一个三角形线框。各边分别是左、右侧面和底面的积聚性的投影，而整个三角形线框同时也是四棱锥前、后两侧面在正面上的投影，并不反映其实形，如图 2-11（b）所示。

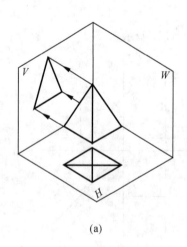 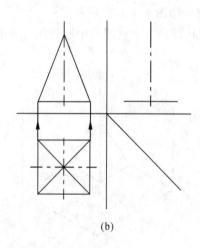

(a)   (b)

图 2-11 绘制正四棱锥的三视图（3）

（5）将正四棱锥向 W 面投影得到正四棱锥的左视图，如图 2-12（a）所示。

> 小提示　左视图是一个三角形线框。各边分别是前、后侧面和底面的积聚性的投影，而整个三角形线框同时也是四棱锥左、右两侧面在侧面上的投影，并不反映其实形，如图 2-12（b）所示。

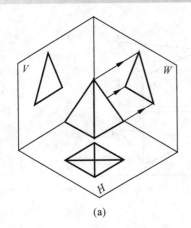 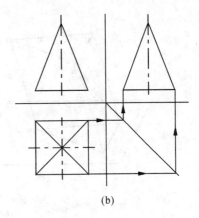

图 2-12　绘制正四棱锥的三视图（4）

（6）擦去辅助线，检查后加深线条完成全图，如图 2-13 所示。

（7）对三视图标注尺寸，如图 2-14 所示。

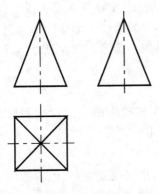 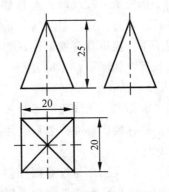

图 2-13　绘制正四棱锥的三视图（5）　　图 2-14　绘制正四棱锥的三视图（6）

基本知识

1. 正投影法的概念

工程上常用平行投影法绘制机械图样。在平行投影法中，按投射线是否垂直于投影面又分为斜投影法和正投影法两种。

1）斜投影

如图 2-15（a）所示，投射线与投影面倾斜称为斜投影。用这种方法可以绘制立体感很强的轴测图。

2）正投影

如图 2-15（b）所示，投射线垂直于投影面称为正投影。正投影法能准确地表达物体的形状，而且度量性好，作图方便，所以在工程上得到广泛应用。因此，正投影法的原理是学习机械制图的理论基础。

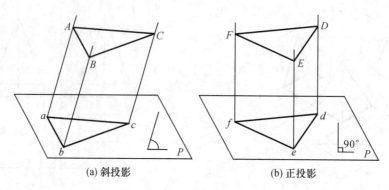

(a) 斜投影　　(b) 正投影

图 2-15　平行投影法

2. 正投影法的基本特性

正投影法具有下述基本特性。

1) **真实性**

当空间平面图形（或线段）与投影面平行时，其投影反映其实形（或实长），而且几何关系（平行、垂直、角度及从属关系等）也保持不变，这种投影特性称为真实性或全等性。它体现了平行投影具有度量性好的优点，便于画图、读图、标注尺寸，以及用图解法求实形、实长等，如图 2-16（a）所示。

2) **积聚性**

当空间平面图形（或线段）垂直于投影面时，在该投影面上的投影积聚为一段直线（或一个点），这种投影特性称为积聚性，如图 2-16（b）所示。

3) **类似性**

平面图形（或线段）与投影面倾斜时，其投影变小（或变短），但投影的形状与原来的形状相类似，这种投影特性称为类似性，如图 2-16（c）所示。

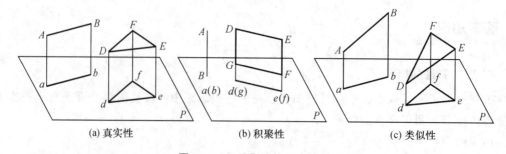

(a) 真实性　　(b) 积聚性　　(c) 类似性

图 2-16　正投影法的基本特性

3. 物体的三视图

通常将物体放在三个互相垂直的投影面体系中，物体的位置处在人与投影面之间，然后将物体对各个投影面进行投影，得到三个视图，这样才能把物体的长、宽、高三个度量方向的尺寸及上下、左右、前后六个方向的形状表达出来。

1) 三视图的形成

（1）视图。

在机械图样中，按正投影法，将物体向投影面投影所得到的正投影图称为视图。视图就是投影，如图 2-17 所示。

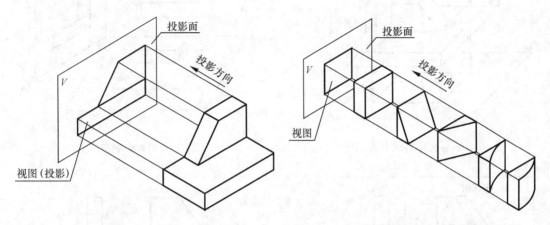

图 2-17　视图　　　　图 2-18　一个视图不能确定物体的形状和大小

如图 2-18 所示，在正投影图中，一个视图不能确定物体的形状和大小。物体的一个投影仅反映了该物体正面的形状，而该物体顶面、侧面等的形状及其宽度均未表达出来。所以在机械图样中，为了准确、完整、清晰地表达物体的形状和大小，一般采用多面视图表达。设置视图的多少，根据物体的复杂程度而定，通常用三视图来表示。

（2）三面投影体系。

为了画出物体的三个视图（简称"三视图"），要选用互相垂直的三个投影面，建立一个三面投影体系，如图 2-19 所示。三个投影面分别称为正投影面（V 面）、水平投影面（H 面）和侧立投影面（W 面），各投影面之间的交线，称为投影轴，分别为 OX、OY 和 OZ，对应表示物体的长、宽、高三个度量方向。

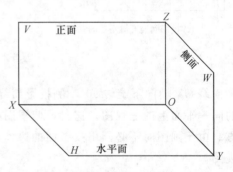

图 2-19　三面投影体系

（3）三视图的形成。

如图 2-20（a）所示，将物体放入三面投影体系中，采用正投影法分别按图示方向，向各投影面进行投射，即可分别得到物体的三个视图。

① 主视图，是由前向后投射，物体在正投影面（V 面）上所得到的视图。

② 俯视图，是由上向下投射，物体在水平投影面（H 面）上所得到的视图。

③ 左视图，是由左向右投射，物体在侧投影面（W 面）上所得到的视图。

这样，就得到物体在三个互相垂直的投影面上的三个视图，可以反映物体的完整形状。

物体的三个视图分别在三个互相垂直的投影面上，必须将它们展开，摊平在一个平面上，才便于制图和表达。展开的方法如图 2-20（b）所示，规定正投影面不动，将水

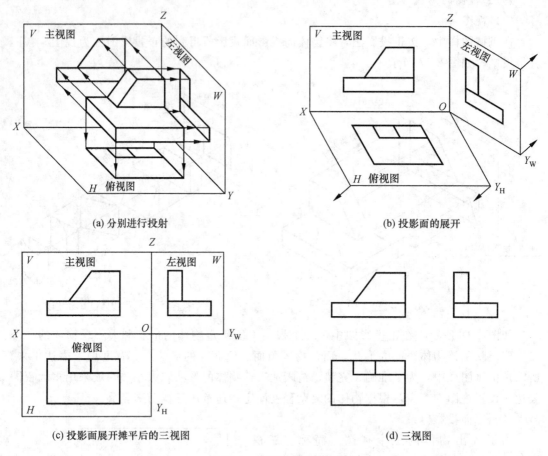

图 2-20 三视图的形成

平面绕 OX 轴向下旋转 90°，侧投影面绕 OZ 轴向右旋转 90°，就得到如图 2-20（c）所示的同一平面上的三视图。这时，俯视图必定在主视图的下方，左视图必定在主视图的右方。由于画图时不必画出投影面的边框，所以去掉边框就得到如图 2-20（d）所示的三视图。

2）三视图之间的对应关系

三视图分别表示物体的三个侧面，所以三个视图之间既有区别又有联系。按上述规定形成的三视图有以下对应关系。

（1）三视图的位置关系。

如图 2-20（d）所示，三视图的位置关系为：以主视图为准，俯视图在主视图的下方，并且对正；左视图在主视图的右方，并且平齐。

按照上述位置配置的视图，国家标准规定一律不加任何标注。

（2）三视图的投影关系。

如图 2-21 所示，从形成的三视图可见：

① 主视图反映物体的长度（x）和高度（z）；

② 俯视图反映物体的长度（x）和宽度（y）；
③ 左视图反映物体的高度（z）和宽度（y）。
由于每对相邻视图同一个方向的尺寸相等，由此归纳可得：
① 主、俯视图——长对正；
② 主、左视图——高平齐；
③ 俯、左视图——宽相等；

(a) 物体上的长、宽、高　　(b) 三视图的长、宽、高　　(c) 视图中相应投影的长、宽、高

图 2-21　三视图间的长、宽、高尺寸关系

以上是物体的长、宽、高尺寸在三视图间的对应关系。所以，无论是物体的整体，还是物体的局部，其三面投影都必须符合"长对正、高平齐、宽相等"的"三等"原则。在画图、读图、度量及标注尺寸时，都要注意遵循和应用它。

（3）视图与物体六个方位的关系。

如图 2-22 所示：
① 主视图反映物体的上、下和左、右；
② 俯视图反映物体的前、后和左、右；
③ 左视图反映物体的前、后和上、下。

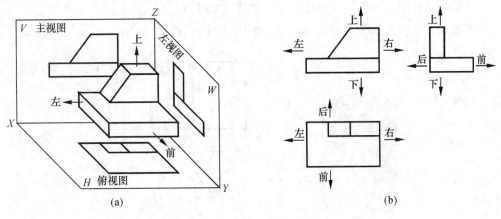

(a)　　(b)

图 2-22　三视图的方位关系

方位关系可由尺寸关系推论得到，例如由长度方向可以分出左右位置，由高度方向可以分出上下或高低位置，由宽度方向可以分出前后位置。

初学者应特别注意对照直观图和平面图，熟悉展开和还原过程，以便在平面图中准确判断形体的前后方位。由图 2-22 可知：俯、左视图靠近主视图的一边（里边），均表示物体的后面；远离主视图的一边（外边），均表示物体的前面。在画图和看图量取"宽相等"时，不但要注意量取的起点，还要注意量取的方向，即俯视图的上（下）边和左视图的左（右）边都反映物体的后（前）面。

任务 2　绘制圆柱、圆锥三视图

活动情景

表面是由曲面和平面，或者全部是由曲面构成的形体（至少有一个表面是曲面），称为曲面体，如圆柱、圆锥、圆球等。下面让我们一起来学习如何用刚学过的正投影法来表达曲面体的形状。

任务要求

（1）根据圆柱、圆锥的空间位置手工绘制其三视图。
（2）学会对三视图进行尺寸标注。
（3）巩固三视图的投影规律。

工作任务

（1）绘制圆柱的三视图，并标注尺寸，如图 2-23 所示。
（2）绘制圆锥的三视图，并标注尺寸，如图 2-24 所示。

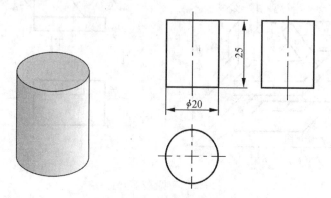

图 2-23　绘制圆柱的三视图

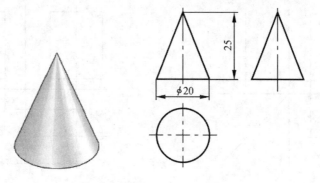

图 2-24 绘制圆锥的三视图

技能训练

1. 工作任务 1 操作步骤

（1）将圆柱放置在三面投影系中，使其底面平行于水平面 H，如图 2-25 所示。

（2）画出圆的中心线及基准线，然后画出积聚为圆的视图（俯视图），如图 2-26 所示。

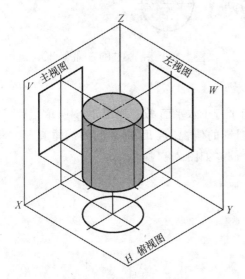

图 2-25　圆柱的三面投影

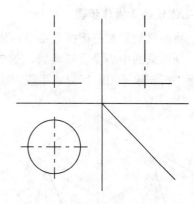

图 2-26　绘制圆柱的三视图（1）

（3）以中心线和轴线为基准，根据长对正的投影特性和圆柱的高度，画出圆柱的主视图，是一个矩形线框（该矩形代表了前半个圆柱面和后半个圆柱面，其中前半个圆柱面可见，后半个圆柱面不可见），如图 2-27 所示。

（4）根据高平齐和宽相等的投影特性，画出圆柱的左视图，也是一个矩形线框（该矩形代表了左半个圆柱面和右半个圆柱面，其中左半个圆柱面可见，右半个圆柱面不可见），如图 2-28 所示。

（5）检查并擦去多余的线条，加深线条，完成全图，如图 2-29 所示。

（6）对所绘制的圆柱的三视图进行尺寸标注，如图 2-30 所示。

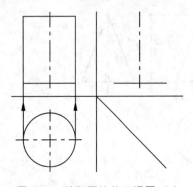
图 2-27　绘制圆柱的三视图（2）

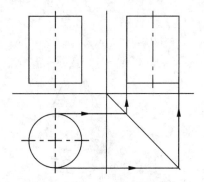
图 2-28　绘制圆柱的三视图（3）

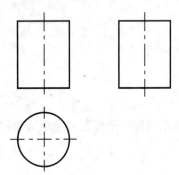
图 2-29　绘制圆柱的三视图（4）

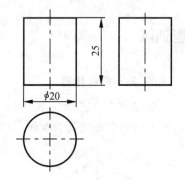
图 2-30　绘制圆柱的三视图（5）

2．工作任务 2 操作步骤

（1）将圆锥放置在三面投影系中，使其底面平行于水平面 H，如图 2-31 所示。

（2）画出圆的中心线及基准线，然后画出圆锥的俯视图，因圆锥的轴线垂直于水平面，底面平行于水平面，所以水平投影也是一个圆，如图 2-32 所示。

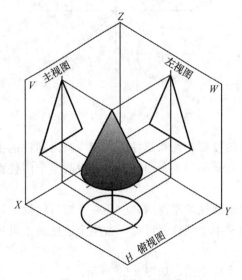
图 2-31　圆锥的三面投影

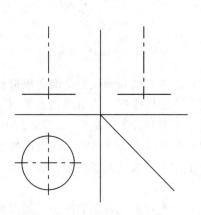
图 2-32　绘制圆锥的三视图（1）

（3）根据投影规律画出圆锥的主视图（该三角形代表了前半个圆锥面和后半个圆锥面，其中前半个圆锥面可见，后半个圆锥面不可见），如图 2-33 所示。

（4）根据投影规律画出圆锥的左视图，也是一个三角形（该三角形代表了左半个圆锥面和右半个圆锥面，其中左半个圆锥面可见，右半个圆锥面不可见），如图 2-34 所示。

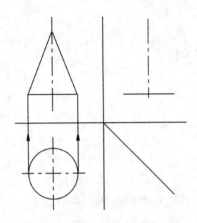

图 2-33　绘制圆锥的三视图（2）

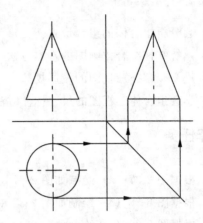

图 2-34　绘制圆锥的三视图（3）

（5）检查并擦去多余的线条，加深图线，完成全图，如图 2-35 所示。

（6）对所绘制的圆锥的三视图进行尺寸标注，如图 3-36 所示。

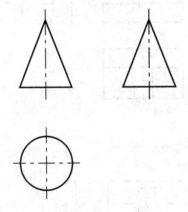

图 2-35　绘制圆锥的三视图（4）

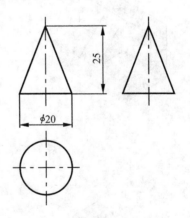

图 2-36　绘制圆锥的三视图（5）

任务 3　绘制组合体三视图

活动情景

按照形体特征，组合体可分为叠加类、切割类、综合类三大类。在画图和读图的过程中，常把组合体视为若干基本形体的组合。对它们的形状和相对位置进行分析，画出三视图或读懂三视图，并想象它们的空间形状，这种方法称为形体分析法。如何利用形体分析法去指导画图、读图及标注尺寸，是我们接下来要学习的内容。

任务要求

（1）会分析组合体的组合形式。
（2）熟练掌握组合体画图的基本方法——形体分析法。
（3）进一步掌握三视图的投影规律。
（4）学会组合体三视图的尺寸标注方法。

工作任务

（1）根据图 2-37（a）绘制如图 2-37（b）所示的叠加类组合体三视图。
（2）根据图 2-38（a）绘制如图 2-38（b）所示的切割类组合体三视图。
（3）根据图 2-39（a）绘制如图 2-39（b）所示的综合类组合体三视图。
（4）标注图 2-39（b）所示的综合类组合体尺寸（见图 2-40）。

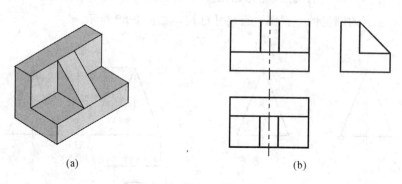

图 2-37　叠加类组合体三视图

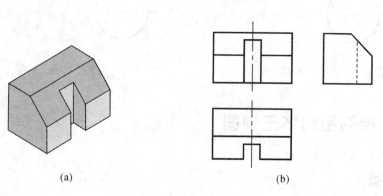

图 2-38　切割类组合体三视图

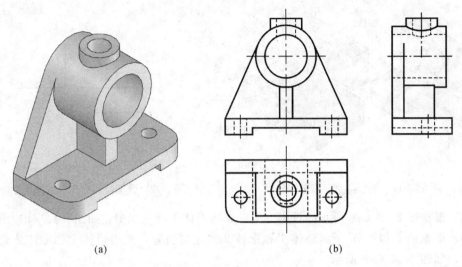

图 2-39 综合类组合体三视图

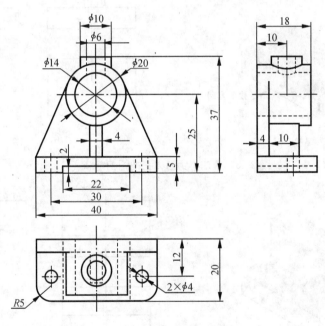

图 2-40 组合体的尺寸标注

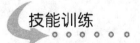

1. 工作任务 1 操作步骤

(1) 形体分析。由图 2-41 (a) 可看出,该组合体由形体 1、形体 2、形体 3 叠加而成,如图 2-41 (b) 所示。

(2) 画出基准线、中心线,以确定视图间的位置,如图 2-42 所示。

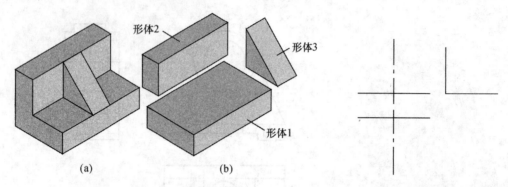

图 2-41 叠加类组合体形体分析　　　　图 2-42 叠加类组合体三视图的绘制(1)

(3) 根据图 2-43 (a) 所示的投影方向，画出形体 1 的三视图，如图 2-43 (b) 所示。

(4) 根据图 2-44 (a) 所示形体 1 和形体 2 的相对位置，画出形体 1 和形体 2 叠加的三视图，如图 2-44 (b) 所示。

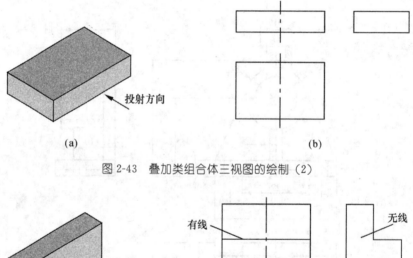

图 2-43 叠加类组合体三视图的绘制 (2)

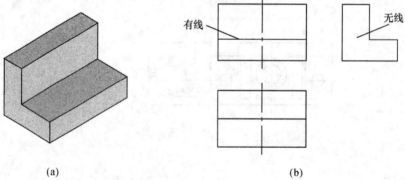

图 2-44 叠加类组合体三视图的绘制 (3)

(5) 根据形体 1、形体 2、形体 3 的相对位置，如图 2-45 (a) 所示，画出由形体 1、形体 2 和形体 3 叠加的组合体的三视图，如图 2-45 (b) 所示。

(6) 检查后加深线条，如图 2-37 (b) 所示。

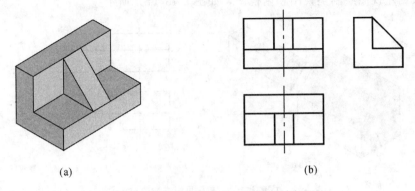

图 2-45 叠加类组合体三视图的绘制（4）

2. 工作任务 2 操作步骤

（1）形体分析。由图 2-46（a）可看出，该组合体由形体 1 先切去形体 2，然后再切去形体 3 而成，切割过程如图 2-46（b）所示。

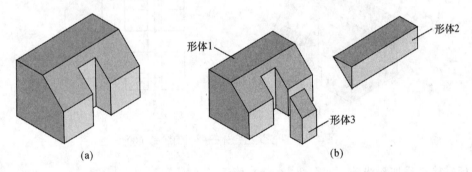

图 2-46 切割类组合体形体分析

（2）选择投射方向。根据组合体结构特征选择组合体中主视图的投影方向，如图 2-47（a）所示，画出基准线、中心线以确定视图间的位置，如图 2-47（b）所示。

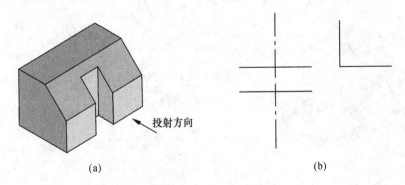

图 2-47 切割类组合体三视图的绘制（1）

（3）根据如图 2-48（a）所示形体 1 中切去形体 2 后的情况，先画出其左视图（特征视图),再根据左视图绘制主视图和俯视图,如图 2-48(b)所示。

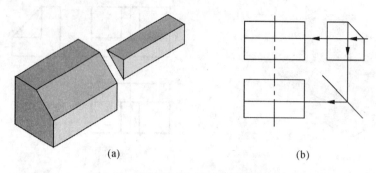

图 2-48 切割类组合体三视图的绘制(2)

(4)根据如图 2-49(a)所示形体 1 中切去形体 2 后,再切去形体 3 的情况,先画出其俯视图(特征视图),再根据俯视图绘制左视图和主视图,如图 2-49(b)所示。

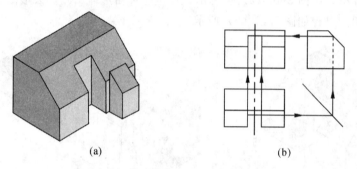

图 2-49 切割类组合体三视图的绘制(3)

(5)检查后加深线条,如图 2-38(b)所示。

3. 工作任务 3 操作步骤

(1)形体分析。由图 2-50(a)可看出,该组合体主要由底板、套筒、圆凸台、支撑板和加强肋板组成,组合过程如图 2-50(b)所示。

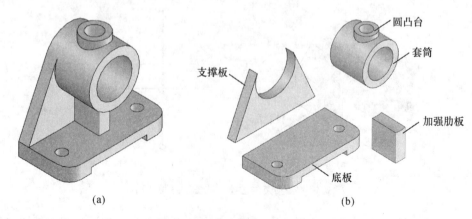

图 2-50 综合类组合体形体分析

（2）选择投射方向。根据组合体结构特征选择组合体中主视图的投影方向，如图 2-51（a）所示。

（3）画出基准线、中心线以确定视图间的位置，如图 2-51（b）所示。

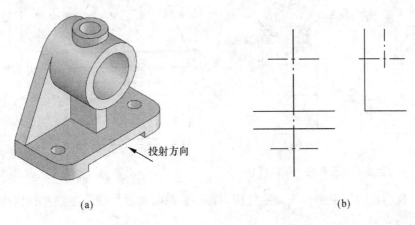

图 2-51　综合类组合体三视图的绘制（1）

（4）画出底板的三视图，定圆孔，如图 2-52 所示。

（5）画出套筒和圆凸台的三视图（先画特征视图——主视图，再依次画出俯视图、左视图），如图 2-53 所示。

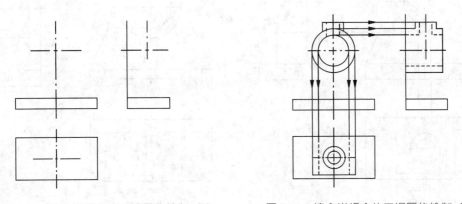

图 2-52　综合类组合体三视图的绘制（2）　　图 2-53　综合类组合体三视图的绘制（3）

（6）画出圆凸台和套筒的相贯线。从图 2-50（b）可知，圆凸台的轴线和套筒的轴线垂直相交，两圆柱的外表面与两圆孔面分别相交，产生相贯线，其作图方法如图 2-54 所示。以大圆柱的半径为半径，两圆轮廓线的交点为圆心画弧，在小圆柱的轴线上找到与圆弧的交点，再以找到的交点为圆心，大圆柱的半径为半径，向大圆柱轴线弯曲画弧。

（7）画支撑板的三视图。先画特征视图——主视图，在主视图中自底板顶板的左、右两端点作圆的切线，注意切点的位置，如图 2-55 所示。

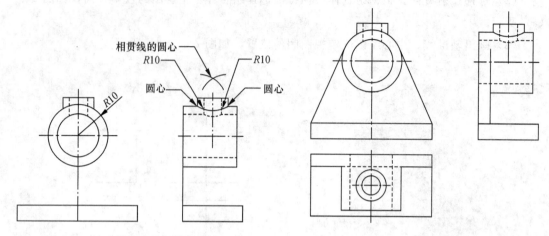

图 2-54 综合类组合体三视图的绘制（4）　　图 2-55 综合类组合体三视图的绘制（5）

（8）画加强肋板的三视图。先画主视图，再画俯视图和左视图，注意左视图中的相交处有交线，如图 2-56 所示。

（9）画出底板上的圆角、圆孔和通槽，如图 2-57 所示。

（10）检查全图并加深图线，如图 2-39（b）所示。

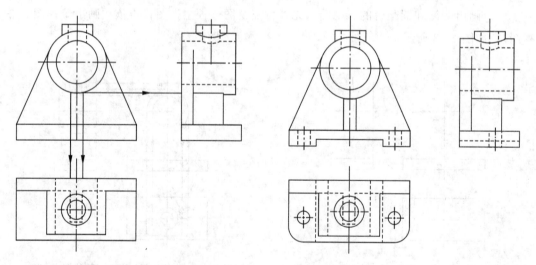

图 2-56 综合类组合体三视图的绘制（6）　　图 2-57 综合类组合体三视图的绘制（7）

4. 工作任务 4 操作步骤

（1）分析形体，选择基准。

组合体具有长、宽、高三个方向的尺寸基准，图 2-58 所示的轴承座的尺寸基准分别是：长度方向尺寸以对称面为基准；宽度方向尺寸以后端面为基准；高度方向尺寸以底面为基准。

（2）标注底板尺寸，集中标注在主、俯视图，如图 2-59 所示。

（3）标注套筒和圆凸台尺寸，如图 2-60 所示。

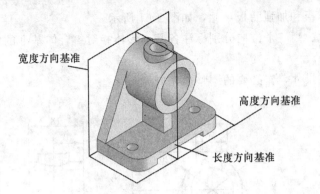

图 2-58 组合体形体分析

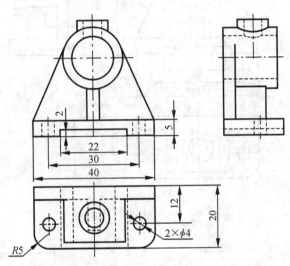

图 2-59 组合体尺寸的标注（1）

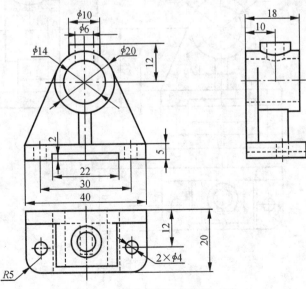

图 2-60 组合体尺寸的标注（2）

(4) 标注支撑板和加强肋板尺寸，如图 2-61 所示。

(5) 从长、宽、高三个方向分别标注各基本形体相对组合体基准的定位尺寸及总体尺寸，如图 2-62 所示。

(6) 全面校核尺寸，作必要的调整，完成全图。

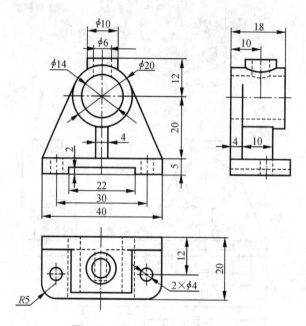

图 2-61　组合体尺寸的标注（3）

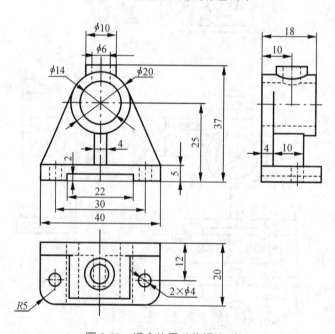

图 2-62　组合体尺寸的标注（4）

项目 2　绘制简单零件 | 59

基本知识

1. 组合体的种类

组合体按组合方式可分为叠加类、切割类及综合类三种形式。

2. 组合体表面的连接关系

当基本体组合在一起时，必然产生一定的表面连接关系，而组合体视图的绘制，必须正确表达出这种连接关系，既不能多画，也不能漏画。

通常可以把各形体之间的表面连接关系分为以下 4 种（见表 2-1）。

表 2-1　各形体之间的表面连接关系

位置关系	立 体 图	三 视 图	说 明
两表面不平齐		分界处画分界线	当相邻两形体的表面不平齐时，应存在分界面，在俯视图和左视图中都表达出来，在主视图中其分界处应画分界线
两表面平齐		不画分界线	当相邻两形体的表面平齐时，无分界面，在俯视图和左视图中积聚为一条直线，在主视图中就没有分界线
两表面相交		画出交线　a′　b′　a″　b″　a(b)	当相邻两形体的表面相交时，相交处有交线，在主视图中应画出交线，该交线在俯视图中积聚为一点，在左视图中与轮廓线重合

续表

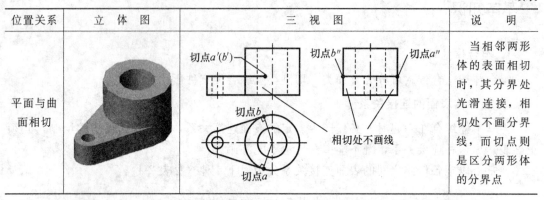

3. 相贯线的简化画法

当两圆柱的轴线正交且半径不等时，相贯线的投影可采用简化画法，如图 2-63 所示，相贯线的正面投影以大圆柱的半径为半径画圆弧来代替，并向大圆柱内弯曲。

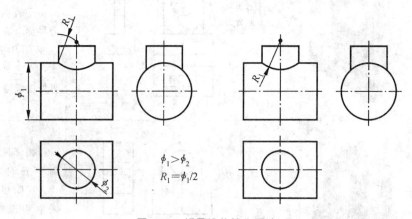

图 2-63 相贯线的简化画法

4. 画组合体三视图的方法和步骤

1) 形体分析

分析组合体由哪些基本形体组成，确定它们的组合形式及表面间的连接关系，对组合体的形体特征有个总的概念，为画三视图做好准备。

2) 选择主视图

三视图中，主视图是最主要的视图。主视图的方向确定后，其他两个视图的方向也随之确定。选择主视图应符合以下要求。

（1）能最清楚地反映组合体的结构、形状特征、相对位置和各个组成部分。

（2）应尽可能符合组合体的自然摆放位置，尽可能平行于投影面，以便主要投影能反映实形。

（3）兼顾其他视图，减少视图的虚线和投影变形。

3) 布置视图，画基准线

(1) 布置视图时，力求图面匀称，各视图之间和视图与边框之间的距离恰当，并为尺寸标注预留适当的空隙。

(2) 画出主要轴线、中心线和基准线。

4) 画视图底稿

(1) 按照形体分析，逐个画出各个形体的基本视图，而不是先画好整个组合体的一个视图再画另外一个视图，以避免漏画或多画图线。

(2) 对每一个基本形体，要从最能反映其特征的视图开始，三个视图配合绘制。

(3) 画图顺序是：应先画主要部分，后画次要部分；先画完整基本体，后画切割部分；先画可见部分，后画不可见部分。

5) 检查、描深

检查无误后，擦去多余图线，按规定加深图线。

5. 组合体的尺寸标注

1) 尺寸种类

(1) 定形尺寸：确定组合体各组成部分大小的尺寸。

(2) 定位尺寸：确定组合体各组成部分之间相对位置的尺寸。

(3) 总体尺寸：确定组合体外形大小的总长、总宽、总高的尺寸。对于具有圆弧或圆孔的结构，只标注圆弧或圆孔的定位尺寸，而不直接注出总体尺寸。

2) 尺寸基准

尺寸基准就是标注定位尺寸时的起始位置。组合体是具有长、宽、高三个方向尺寸的空间形体，因此，每个方向上至少有一个尺寸基准。通常以形体上较大的平面、对称面、回转体的轴线、对称中心线等作为尺寸基准。

3) 尺寸标注的基本要求

(1) 正确性：尺寸标注必须符合国家标准（GB/T 4458.4—2003）的有关规定，尺寸数值应准确无误。

(2) 完整性：标注的尺寸应能完全确定机件的形状和大小，既不重复，也不遗漏。

(3) 清晰性：尺寸配置清晰，便于标注和读图。

4) 尺寸标注的基本方法——形体分析法

将组合体分解为若干个基本形体，然后标注出这些基本形体的定形尺寸，再逐个地标注出确定各基本形体位置关系的定位尺寸，最后标注出组合体的总体尺寸。

5) 尺寸的布置

(1) 组合体某一部分的定形尺寸和定位尺寸尽可能集中标注，便于查找。

(2) 定形尺寸和定位尺寸应标注在最能反映其特征的视图上，尽量避免标注在虚线上。

(3) 尺寸尽可能标注在两视图之间，便于对照。同方向的平行尺寸，应使小尺寸在内、大尺寸在外，间隔均匀，避免尺寸线交叉；主、俯视图同一方向的尺寸，应尽可能排列在一条直线上，既美观，又便于检查。

(4) 对称的尺寸，一般应按对称要求标注。

（5）圆的直径一般标注在圆的视图上，圆弧的半径一般标注在投影为圆弧的视图上。相同直径的几个小孔的尺寸，标注时应在直径"φ"前加注孔数及乘号。对于相同的圆角一般只标注一次。

★ 组合体的识读方法

1. 几个视图联系起来识读

组成组合体的各个基本体的形状特征不一定集中在同一个方向，所以通常一个或两个视图并不能确定物体的形状，必须几个视图联系起来识读，才能完全确定，如图2-64所示。

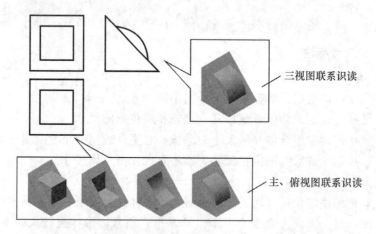

图2-64　几个视图联系起来识读

2. 明确视图中线框和图线的含义

1）借助线段可见性

借助线段可见性，判断形体间的凹凸关系，如图2-65所示，相同的主视图、俯视图，有多种不同形状和可见线段的左视图，以及所对应的立体图。

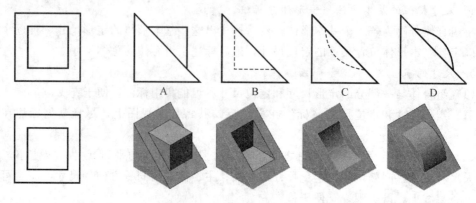

图2-65　形体间的凹凸关系

2）借助线框可见性

借助线框可见性，判断形体间的前后关系，如图 2-66 所示，主视图中方框用粗实线或虚线来表达，则表示方孔与圆孔的前后位置不同。

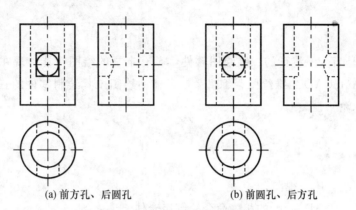

图 2-66　形体间的前后关系

3）利用投影规律分析线和面

（1）分析平面体的线和面，想象物体的实际形状，如图 2-67 所示。由主视图的粗实线可知，面 2 在面 1 的前面，并在俯视图中积聚为直线；由俯视图的粗实线可知，线 a、b 为水平线，并在主视图中积聚为点。通过点、线、面的分析，可以想象物体的实际形状。

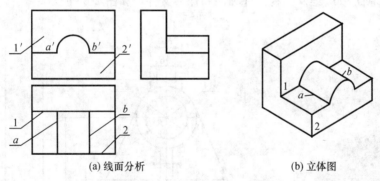

图 2-67　分析平面体的线和面

（2）分析回转体的线和面，想象物体的实际形状，如图 2-68 所示。由俯视图可知，线 a、b 为内孔的轮廓线；由主视图可知，组合体的主体为圆筒和长方体，面 1 在面 2 的前面。通过点、线、面的分析，可以想象物体的实际形状。

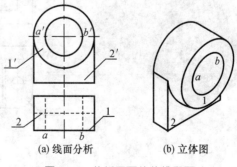

图 2-68　分析平面体的线和面

任务 4　运用 AutoCAD 绘制组合体三视图

活动情景

AutoCAD 是当今最流行的二维绘图软件，具有丰富的绘图功能，现在我们面对的问题是如何运用 AutoCAD 二维绘图、编辑命令及辅助绘图工具绘制零件的三视图，学会书写文字及尺寸标注。

任务要求

（1）能读懂组合体三视图。
（2）能用 AutoCAD 2008 的相关命令绘制组合体。
（3）能对所绘制的图形进行标注。
（4）正确运用与其相关的绘图技巧。

工作任务

用 AutoCAD 2008 绘制三视图并标注和保存文件，如图 2-69 所示。

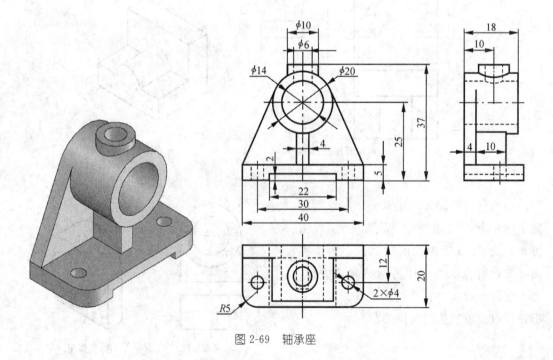

图 2-69　轴承座

技能训练

1. 创建新文件

打开 AutoCAD 2008,创建一个新文件。

2. 设置图层

选择主菜单"格式"/"图层"命令,创建轮廓线、尺寸标注、剖面线、中心线、细实线、技术要求等图层,并按要求设置颜色、线型、线宽等项目。

3. 画基准线

将"中心线"图层置为当前层,单击"绘图"/"直线"按钮 ∕,根据图形尺寸绘制作图基准线,如图 2-70 所示。

4. 绘制底板三视图

(1) 绘制长方形三视图。单击"修改"/"偏移"按钮,具体操作步骤如下。

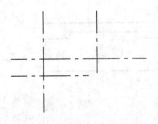

图 2-70 绘制基准线

```
命令:_offset                                        //启动"偏移"命令
指定偏移距离或[通过(T)/删除(E)/图层(L)]<通过>:5      //输入偏移距离"2.5"
选择要偏移的对象,或[退出(E)/放弃(U)]<退出>           //选择主视图的水平中心线
指定要偏移的那一侧上的点,或[退出(E)/多个(M)/放弃(U)]<退出>:
                                                  //将十字光标放在中心线的
                                                    上方,单击鼠标左键
选择要偏移的对象,或[退出(E)/放弃(U)]<退出>: ↙//退出命令
```

(2) 利用相同的方法把主视图的垂直中心线向左和向右分别偏移 20 mm,然后选取偏移后的四条直线,点取图层的下拉箭头,弹出已设置好的图层,选取"轮廓线"图层,回车确认,即把偏移后的四条直线由中心线改为轮廓线;再把俯视图的水平中心线向下偏移 20 mm,左视图的垂直中心线向右偏移 20 mm,并把偏移后的直线修改为轮廓线,如图 2-71 所示。

(3) 单击"修改"/"修剪"按钮 -/--,先选取作为修剪边界的要素(可选取多个要素作为修剪边界),按回车键确认,然后逐一选取将修剪掉的要素,即可剪掉多余的图线。最终绘制出长为 40 mm、宽为 20 mm、高为 5 mm 的长方体三视图,如图 2-72 所示。

(4) 利用"偏移"、"修剪"命令绘制长为 22 mm、高为 2 mm 的通槽的三视图,先画特征视图——主视图,最后在俯视图和左视图用虚线表示出槽的位置,如图 2-73 所示。

(5) 绘制底板上的圆孔。

① 选择主菜单"工具"/"新建 UCS"/"原点"命令,将底板左下角的点设置为新的坐标原点,如图 2-74 所示。

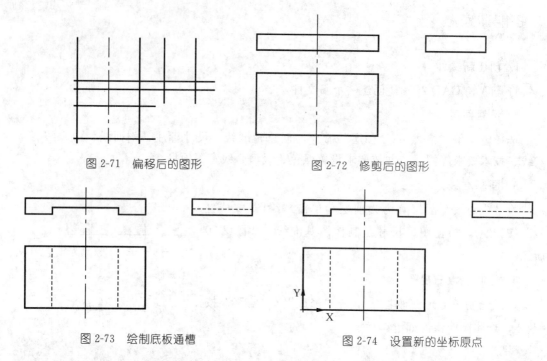

图 2-71 偏移后的图形　　　　图 2-72 修剪后的图形

图 2-73 绘制底板通槽　　　　图 2-74 设置新的坐标原点

② 将"轮廓线"图层设为当前,单击"绘图"/"圆"按钮 ⊕,以坐标(5,8)和坐标(35,8)为圆心,在俯视图中,绘制半径为 4 mm 的圆。然后绘制主视图、左视图上的投影,如图 2-75 所示。

(6) 绘制底板上的圆角。单击"修改"/"圆角"按钮 ⌐,将圆角半径设置为 5 mm,然后在绘图区选择将倒圆角的两条直线,即可完成倒圆角,如图 2-76 所示。

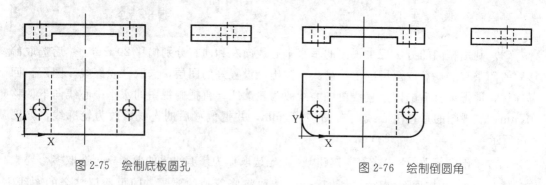

图 2-75 绘制底板圆孔　　　　图 2-76 绘制倒圆角

5. 绘制圆套筒和圆凸台三视图

(1) 移动坐标原点至图 2-77 所示位置。

(2) 以(20,20)为圆心,绘制直径分别为 14 mm 和 20 mm 的两个圆;然后绘制出左视图和俯视图的投影,单击"修改"/"修剪"按钮 -/--,剪去多余的线条,如图 2-78 所示。

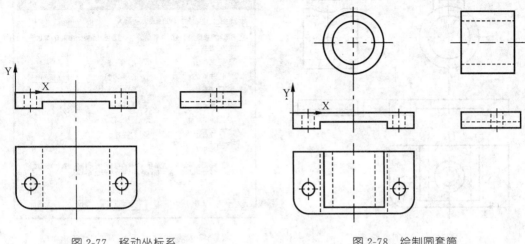

图 2-77 移动坐标系　　　　　　　　　图 2-78 绘制圆套筒

(3) 移动坐标原点至图 2-79 所示位置，并以（20，10）为圆心绘制直径分别为 6 mm 和 10 mm 的两个圆，然后绘制出主视图和左视图的投影。

(4) 绘制圆套筒和圆凸台的相贯线。将主视图上圆凸台和圆筒的交点引线至左视图上，如图 2-80 所示。

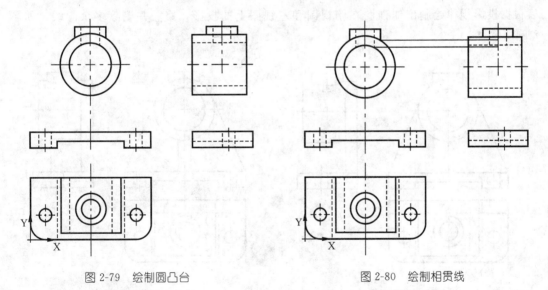

图 2-79 绘制圆凸台　　　　　　　　　图 2-80 绘制相贯线

(5) 选择主菜单 "绘图" / "圆弧" / "三点" 命令，在左视图正确位置依次选择三点绘制一段圆弧，然后修剪多余的图线，如图 2-81 所示。

6. 绘制支撑板三视图

(1) 选择 "工具" / "草图设置" 命令，弹出 "草图设置" 对话框，打开 "对象捕捉" 选项卡，选中交点和切点模式，如图 2-82 所示，单击 "确定" 按钮。

(2) 单击 "绘图" / "直线" 按钮，绘制出支撑板在主视图上的投影；单击 "修改" /

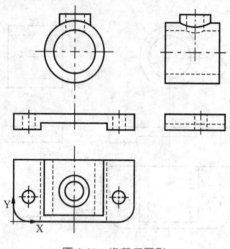

图 2-81　修剪后图形

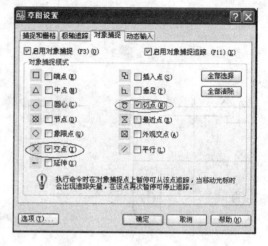

图 2-82　"草图设置"对话框

"偏移"按钮，绘制出支撑板在俯视图和左视图上的投影；利用"修改"/"修剪"按钮，剪去多余图线并删除辅助线，如图 2-83 所示。

7. 绘制加强肋板三视图

单击"修改"/"偏移"按钮，绘制出宽为 4 mm 的加强肋在主视图上的投影；然后根据投影规律绘制出加强肋在俯视图和左视图上的投影，修剪并删除多余图线，如图 2-84 所示。

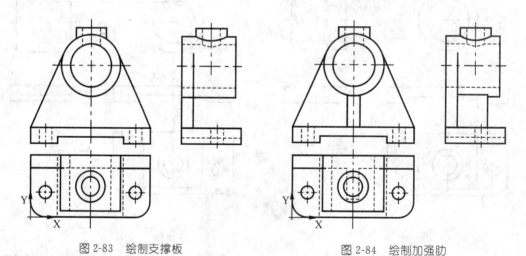

图 2-83　绘制支撑板　　　　　　　图 2-84　绘制加强肋

8. 尺寸标注

（1）新建文字样式。

① 选择主菜单"格式"/"文字样式"命令，弹出"文字样式"对话框，如图 2-85 所示。

② 单击"新建"按钮，弹出"新建文字样式"对话框。

③ 在"样式名"文本框中输入"机械样式"，如图 2-86 所示。

④ "机械样式"设置如图 2-87 所示，单击"确定"按钮。

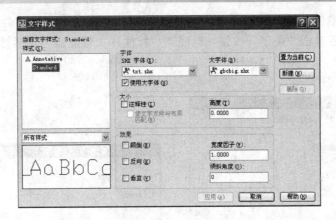

图 2-85 "文字样式"对话框

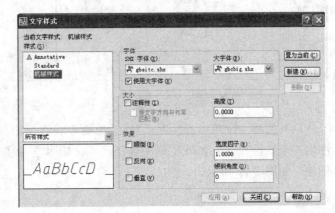

图 2-86 "新建文字样式"对话框　　　　图 2-87 设置"机械样式"

（2）选择主菜单"标注"/"标注样式"，弹出如图 2-88 所示的"标注样式管理器"对话框。单击"修改"按钮，弹出"修改标注样式"对话框。打开"文字"选项卡，设置如图 2-89 所示。

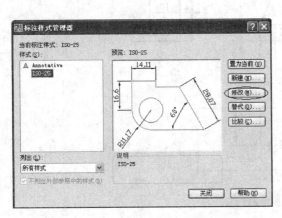

图 2-88 设置"标注样式管理器"样式　　　　图 2-89 "修改标注样式"对话框

（3）在"主单位"选项卡设置"单位格式"为"小数","精度"为"0",如图 2-90 所示。设置完成后单击"确定"按钮,返回到"标注样式管理器"对话框。单击"置为当前"按钮,然后单击"关闭"按钮,关闭对话框,如图 2-91 所示。

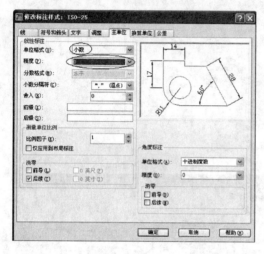

图 2-90　设置"主单位"选项卡　　　　　图 2-91　"标注样式管理器"对话框

（4）选择主菜单"标注"/"线性"命令,在绘图区指定合适的尺寸线位置,即可标注出一个线性尺寸。如果要标注直径尺寸,则可选择主菜单"标注"/"直径"命令进行标注,如图 2-92 所示。

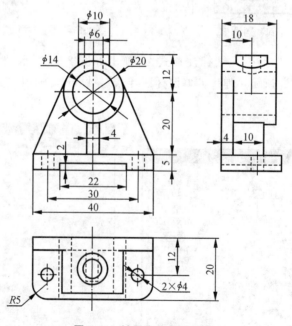

图 2-92　轴承座的尺寸标注

任务 5　绘制轴测图

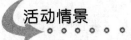
活动情景

用正投影法绘制的三视图，能准确表达物体的形状，但缺乏立体感。尤其对于学习阶段的学生碰到较复杂、难以想象的零件图，如果能一边看视图、一边勾画立体图的话，则往往一切难点都会迎刃而解。轴测图是发展空间构思能力的手段之一，本项目通过画轴测图可帮助想象物体的形状，培养空间想象力，为读组合体视图打下基础。

任务要求

学会使用正等轴测图的画法绘制几何体轴测图。

工作任务

(1) 绘制图 2-93 所示平面几何体的正等轴测图。

(2) 绘制图 2-94 所示曲面几何体的正等轴测图。

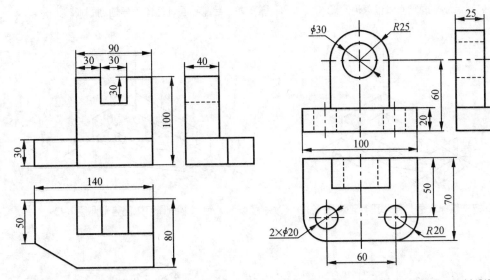

图 2-93　绘制平面几何体正等轴测图　　　图 2-94　绘制曲面几何体正等轴测图

技能训练

1. 任务 1 绘制步骤

(1) 定出坐标原点及坐标轴，如图 2-95 所示。

(2) 绘制轴测轴 X、Y、Z。Z 轴垂直绘制,每两轴之间成 120°夹角,如图 2-96 所示。

(3) 绘制长方体底板的正等轴测图。

① 根据三视图尺寸 140 mm、80 mm、100 mm 按 1∶1 的绘图比例画出长方体的轴测图,如图 2-96 所示。

② 根据三视图尺寸 50 mm、90 mm 定出斜面上线段端点的位置,并将它们连接成平行四边形,如图 2-97、图 2-98 所示。

③ 根据三视图中的尺寸 30 mm、40 mm、100 mm 画出右后侧的带凹槽立板的正等轴测图,如图 2-99 所示。

④ 擦去多余的图线,描深轮廓线,即得所求正等轴测图,如图 2-100 所示。

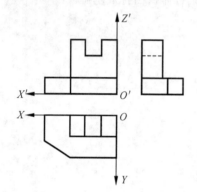
图 2-95 绘制平面几何体正等轴测图(1)

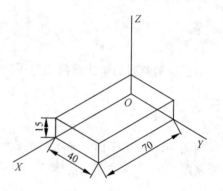
图 2-96 绘制平面几何体正等轴测图(2)

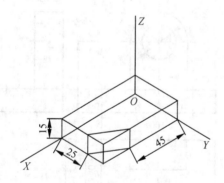
图 2-97 绘制平面几何体正等轴测图(3)

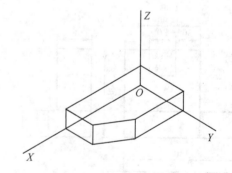
图 2-98 绘制平面几何体正等轴测图(4)

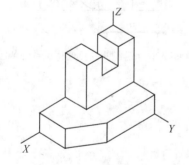
图 2-99 绘制平面几何体正等轴测图(5)

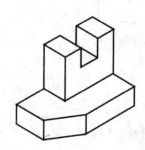
图 2-100 绘制平面几何体正等轴测图(6)

2. 任务 2 绘制步骤

（1）根据三视图先画出支架的正等轴测图，如图 2-101 所示。

（2）以 $R20$ mm 定切点，过切点分别作相应棱线的垂线，交点即为圆弧的圆心，以圆心到切点的距离为半径在两切点间画圆弧，即为所求圆角的正等轴测图，且各处的画法相同，如图 2-102 所示。

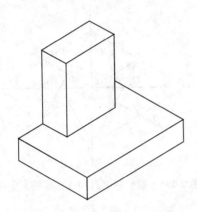

图 2-101　绘制曲面几何体正等轴测图（1）

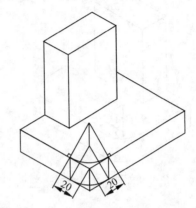

图 2-102　绘制曲面几何体正等轴测图（2）

（3）应用圆心平移法，将圆心和切点向厚度方向平移 20 mm，即可画出相同部分圆角的轴测图，如图 2-103 所示。

（4）在俯视图中作 $\phi 20$ mm 圆的外切正方形，切点为 1、2、3、4，如图 2-104 所示。

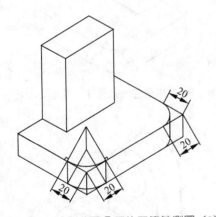

图 2-103　绘制曲面几何体正等轴测图（3）

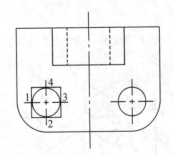

图 2-104　绘制曲面几何体正等轴测图（4）

（5）在底板轴测图上，从 $\phi 10$ 圆心位置沿轴向量取 20 mm，得到切点 1、2、3、4，过这四点分别作 X、Y 轴的平行线，得外切正方形的轴测图（菱形），如图 2-105 所示。

（6）过切点 1、2、3、4 作菱形相应各边的垂线，它们的交点 O_1、O_2、O_3、O_4 就是画近似椭圆的圆心，如图 2-106 所示。

（7）用四段圆弧连成椭圆。以 $O_4 1 = O_4 2 = O_2 3 = O_2 4$ 为半径，以 O_4、O_2 为圆心画

出大圆弧 12、34；以 $O_1 1 = O_1 4 = O_3 2 = O_3 3$ 为半径，以 O_1、O_3 为圆心画出小圆弧 14、23，完成 $\phi 20$ mm 的轴测图，如图 2-107 所示。

（8）应用圆心平移法可以画出圆孔的另一轴测图，并可以用相同的方法画出 $R 25$ mm 和 $\phi 30$ mm 圆的轴测图，分别如图 2-108 和图 2-109 所示。

（9）擦去多余的线条，描深轮廓线，即得轴承支架的正等轴测图，如图 2-110 所示。

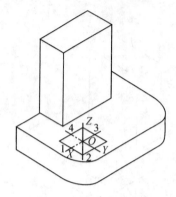

图 2-105　绘制曲面几何体正等轴测图（5）

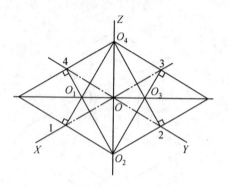

图 2-106　绘制曲面几何体正等轴测图（6）

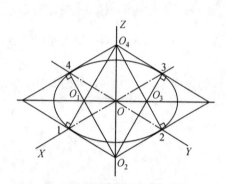

图 2-107　绘制曲面几何体正等轴测图（7）

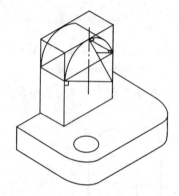

图 2-108　绘制曲面几何体正等轴测图（8）

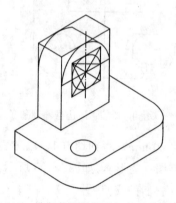

图 2-109　绘制曲面几何体正等轴测图（9）

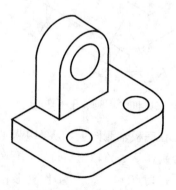

图 2-110　绘制曲面几何体正等轴测图（10）

基本知识

1. 轴测图的形成及投影特性

1) 轴测图的形成

将物体连同其直角坐标,沿不平行于任一坐标平面的方向,用平行投影法向单一面上投影所得到的图形,称为轴测投影图,简称为轴测图,如图 2-111 所示。

2) 轴测图的基本性质

(1) 物体上互相平行的线段,在轴测图中仍然互相平行。平行于坐标轴的线段,在轴测图中仍与相应的轴测轴平行,且与该轴测轴的轴向伸缩系数相同。

(2) 物体上不与坐标轴平行的线段,一般仍为直线段,但不能用伸缩系数作图,可用坐标定点法确定其两端点连接画出。

2. 轴测图的分类

按轴测投影方向及轴测轴与轴测投影面的夹角关系不同,常用的轴测图分为正等轴测图和斜二轴测图两种。工程上用得较多的是正等轴测图。

3. 轴向伸缩系数和轴向角

如图 2-111 所示,其中,单一投影面 P 称为轴测投影面,S 称为轴测投影方向;直角坐标轴 OX、OY、OZ 在 P 面上的投影 O_1X_1、O_1Y_1、O_1Z_1 称为轴测轴;轴测轴之间的夹角 $\angle X_1O_1Y_1$、$\angle Y_1O_1Z_1$、$\angle Z_1O_1X_1$ 称为轴间角;各轴测轴上的单位长度与直角坐标轴上的单位长度的比值,称为轴向伸缩系数。

1) 正等轴测图的轴间角及轴向伸缩系数

当物体的空间直角坐标轴与轴测投影面的倾角均相等时,采用正投影所得到的轴测图称为正等轴测图,简称正等测图。投影后,轴间角 $\angle X_1O_1Y_1 = \angle Y_1O_1Z_1 = \angle Z_1O_1X_1 = 120°$,轴向伸缩系数近似取 $p=q=r=0.82$。为了作图方便,取 $p=q=r=1$,画图时所有轴向尺寸可按三视图中的尺寸 1:1 量取,如图 2-112 所示。

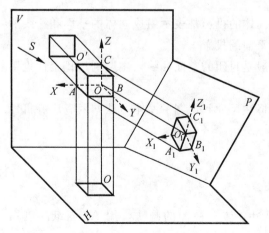
图 2-111 轴测图的形成

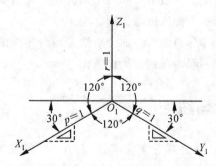
图 2-112 正等轴测图的轴间角和简化轴向伸缩系数

2）斜二轴测图的轴间角及轴向伸缩系数

当物体上的 XOY 坐标面平行于轴测投影面时，采用斜投影所得到的轴测图称为斜二轴测图，简称斜二测图。投影后的轴间角 $\angle X_1O_1Z_1=90°$，$\angle X_1O_1Y_1=\angle Y_1O_1Z_1=135°$，轴向伸缩系数 $p=r=1$，取 $q=0.5$，如图 2-113 所示。

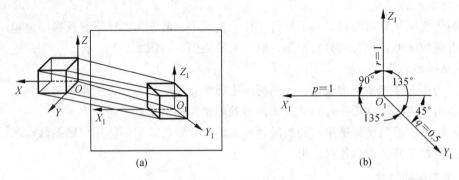

图 2-113 斜二轴测图的形成、轴间角和轴向伸缩系数

 小提示　　正等轴测图的轴间角及各轴的轴向伸缩系数均相同，用 30°的三角板和丁字尺作图较方便。

项目小结

通过本项目可以学习绘制简单零件、轴承座的三视图和组合体的轴测图的方法，学习标注零件的尺寸的方法，使用 AutoCAD 2008 绘制零件的三视图的方法。在这一过程中，重点要掌握三视图的形成过程及其投影规律、基本体三视图的画法及尺寸标注、零件表面截交线与相贯线的绘制、组合体三视图的画法与尺寸标注、识读组合体视图的方法。

物体三视图的投影规律：主、俯视图长对正；主、左视图高平齐；俯、左视图宽相等。

基本体可分为平面体和回转体两大类。平面体的投影是表示组成立体的平面和棱线的投影；回转体的投影是表示组成立体的曲面和平面的投影。

截交线一般是封闭的平面曲线，相贯线一般是封闭的空间曲线，主要利用积聚性投影法与辅助平面法进行作图。

形体分析法与线面分析法是组合体绘图、标注尺寸和识图的基本方法，两者应有机地结合在一起，帮助准确作图。

思考与练习

1. 通过观察支座实体零件，掌握叠加型组合体三视图的画法，用 A4 图纸绘制图 2-114 所示的支座零件的三视图并标注尺寸。

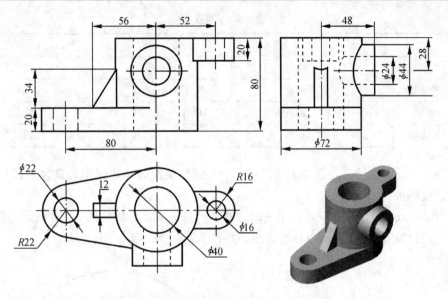

图 2-114 支座的三视图

2. 利用空间立体概念，想象图 2-115 所示立体未画部分的形状，并补画完成轴测图。

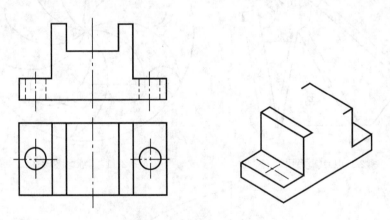

图 2-115 补画轴测图

3. 计算机绘图环境设置。

（1）创建 A4 样板文件，图纸大小为 297 mm×210 mm，绘图比例为 1∶50，测量单位选择"小数"，精度设置为"0.00"，并将文件存盘，其文件名为"A4 图纸"。

（2）进行系统环境配置。

① 调整"十字光标"尺寸：修改绘图区域十字光标大小的值为 100，观察其变化。

② 修改绘图区域背景颜色为白色，十字光标为红色，命令行文字为绿色，命令行背景为蓝色，确定后观察 AutoCAD 的界面变化。

最后恢复 AutoCAD 的默认系统配置。

（3）新建图形，创建机械图常用图层，分别建立中心线、轮廓线、虚线、细实线图层，线型及线宽如表 2-2 所示，并显示线宽。

表 2-2 图层对象

名　称	颜　色	线　型	线　宽
中心线	红色	Center	默认
轮廓线	绿色	Continuous	0.5
虚线	黄色	ACAD—IS002W100	默认
细实线	青色	Continuous	默认

按表 2-2 设置好后，分别在虚线图层、中心线图层绘制矩形图案，设置不同的线型比例，并比较图形。

4. 在 AutoCAD 2008 中，使用极轴、对象追踪等方法，绘制图 2-116 所示的图形。

5. 使用二维绘图及编辑命令绘制图 2-117、图 2-118、图 2-119。

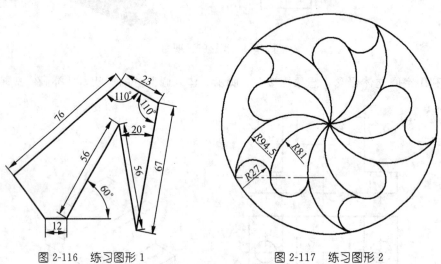

图 2-116　练习图形 1　　　　　图 2-117　练习图形 2

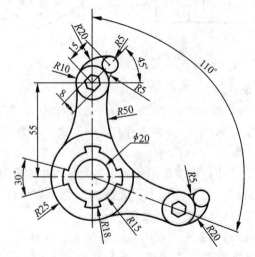

图 2-118　练习图形 3

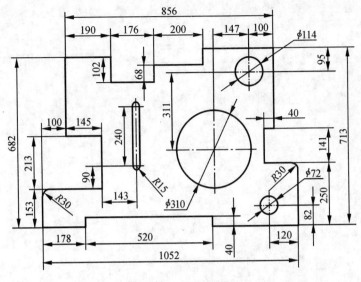

图 2-119　练习图形 4

项目 3

绘制轴套类零件

∧ ϴϴϴϴ。

　　轴套类零件包括各种用途的轴和套。本项目讨论如何看懂轴套类零件图，并利用 AutoCAD 2008 绘制该类零件图。

∧ ϴϴϴϴ。

　　识读和绘制轴套类零件图。

∧ ϴϴϴϴ。

　　（1）了解轴套类零件的结构特点和功用。
　　（2）学会正确、清晰、合理地表达轴套类零件的结构形状和大小。
　　（3）能够正确标注零件的质量指标，并初步看懂。
　　（4）读懂中等复杂程度的零件图，并能用 AutoCAD 绘制。

任务 1　绘制轴

活动情景

轴套类零件大多数由位于同一轴线上数段直径不同的回转体组成，径向尺寸小，轴向尺寸大，如图 3-1 所示。轴是机器某一部件的回转核心零件，并以实心零件居多，也有空心轴，如机床主轴常常是空心零件。下面我们通过绘制图 3-2 所示的轴，来解决如何在图纸上表达轴类零件这个问题。

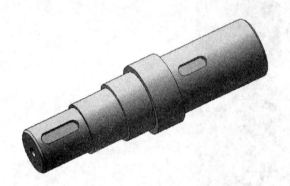

图 3-1　轴套类零件

任务要求

（1）掌握轴类零件的结构特点和表达方式。
（2）学会轴类零件的尺寸标注和技术要求的标注。

技能训练

1. 选择视图，确定表达方案

根据轴类零件的结构特点和主要工序的加工位置情况，一般选择轴线水平放置，因此可用一个基本视图——主视图来表达它的整体结构形状。在选择主视图投影方向时，应考虑键槽的表达，选择正对键槽的位置为主视图投影方向。同时，主视图中采用一局部剖来表达两个 $\phi 6$ mm 正交孔和 M8 内螺纹的结构特征。

除了主视图外，还需两个移出断面图来进一步表达键槽和两个 $\phi 6$ mm 正交孔的结构特征。同时，还需一局部放大图来表达 $\phi 26$ mm 外圆退刀槽的结构尺寸。这两个移出断面图和一个局部放大图都放置在主视图的下面。

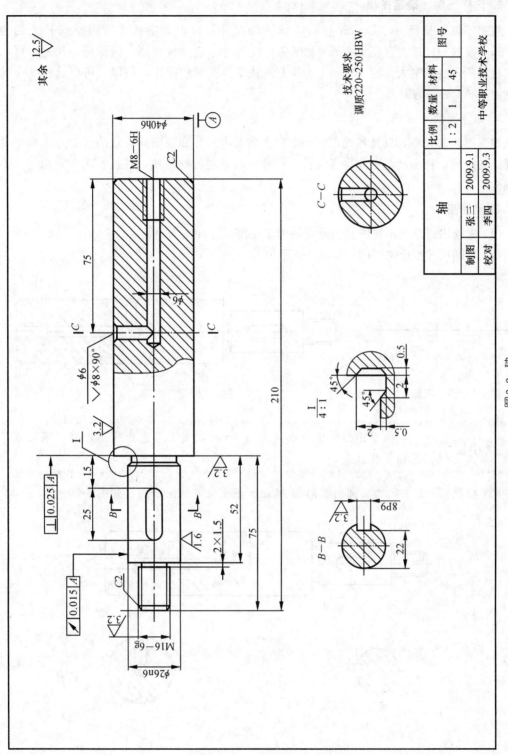

图3-2 轴

2. 选择比例，确定图幅

根据零件总长尺寸 210 mm 和所需标注的尺寸，可以确定视图所占空间长大约为 300 mm，根据零件最大直径 ϕ40 mm 和所需标注尺寸，以及放大图、断面图的尺寸，可以确定视图所占空间宽大约为 200 mm，由于该轴零件视图较简单，所以，可以选择 2:1 的比例使用 A4 幅面的图纸。

3. 布置视图

根据图幅的尺寸，以及各视图每个方向上的最大尺寸和视图间要留的间隙，来确定每个视图的位置。视图间的空隙要保证标注尺寸后尚有适当的余地，并且要求布置均匀，不宜偏向一方。

4. 画底图

(1) 先画出每个基本视图互相垂直的两个基准线，如图 3-3 所示。

(2) 根据尺寸画出主视图，如图 3-4 所示。

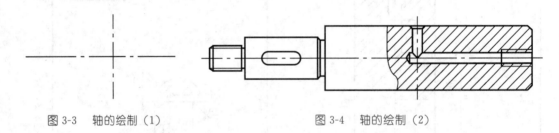

图 3-3　轴的绘制（1）　　　　图 3-4　轴的绘制（2）

> **小提示**　由于相交两孔的直径均为 6 mm，属于等直径两孔相贯，相贯线为相交两直线。

(3) 根据图 3-2 中尺寸，画出键槽和 ϕ6 mm 正交孔的移出断面，如图 3-5 所示。

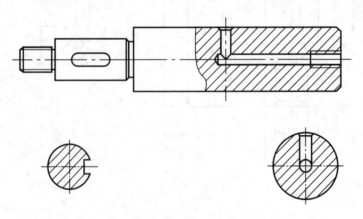

图 3-5　轴的绘制（3）

(4) 按照 4:1 的比例画出退刀槽的局部放大图，如图 3-6 所示。

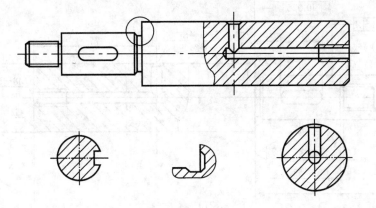

图 3-6　轴的绘制（4）

(5) 检查描深。检查底稿，改正错误，然后描深图线。

(6) 标注尺寸。按照国家规定的标注尺寸的方法标注各个视图的尺寸。先标注定形尺寸，再标注定位尺寸，最后标注总体尺寸，如图 3-7 所示。

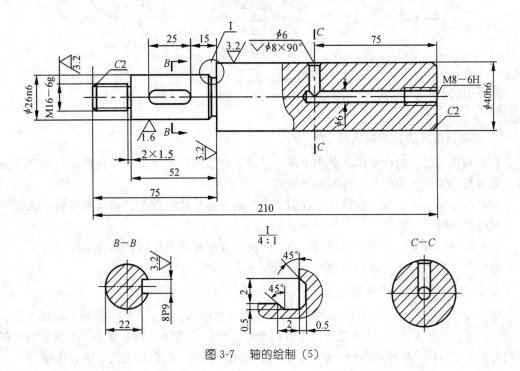

图 3-7　轴的绘制（5）

(7) 技术要求。按照国家规定标注表面粗糙度、尺寸公差和形位公差，注写技术要求，如图 3-8 所示。

(8) 画标题栏，并加深图框线。按照教学中推荐使用的简化的零件图标题栏尺寸画出标题栏，填写相关内容并加深外边框线，最后加深图幅的图框线。

(9) 完成全图。再次检查，改正错误，完成全图，如图 3-2 所示。

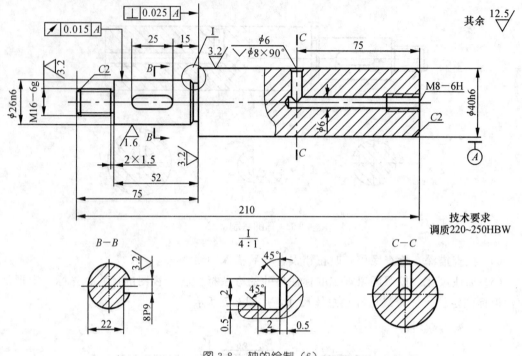

图 3-8 轴的绘制（6）

基本知识

1. 轴类视图表达方案的选用

（1）轴类零件一般在车床和磨床上加工，为了方便操作人员对照零件图进行加工，通常主视图按加工位置确定，即轴线水平放置。

（2）一般采用一个基本视图（主视图）来表达主体结构。而中空的套类零件，主视图一般画成剖视图。

（3）常采用局部放大图、局部剖视图、断面图等来补充表达零件上的局部结构。

（4）对于形状简单而过长的轴可采用折断画法。

2. 轴套类零件的结构特征

轴套类零件的结构特点一般为，主体特征是不同直径的回转体。大多数轴的长度大于它的直径，即长径比大于1；大多数套类零件的壁厚小于内孔直径。轴套类零件上常见的局部结构有螺纹退刀槽、砂轮越程槽、螺纹、轴肩、键槽、倒角、销孔、油孔、中心孔等。

1）倒角与倒圆

为了去除零件在机加工后的锐边和毛刺，防止伤人或便于装配，常将零件的端部加工成45°或30°的倒角，如图3-9所示；为了避免应力集中而产生裂纹，常在轴肩处采用圆角过渡，称为倒圆，如图3-9所示。倒角、倒圆的尺寸可查阅国家标准GB/T 6403.4—2008。

图3-9（a）、（b）中，C表示倒角角度为45°，C后面的数字表示倒角的高度，非45°倒角按图3-9（c）、（d）的形式标注。

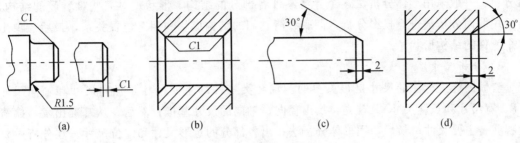

图 3-9　倒角和倒圆

2）退刀槽和砂轮越程槽

零件在车削或磨削时，为了安全退刀或退砂轮，以及符合制造工艺的要求，通常在轴肩处、孔的台肩处预加工出退刀槽或砂轮越程槽，如图 3-10 所示，其可按"槽宽×直径"的形式标注，也可按"槽宽×槽深"的形式标注。

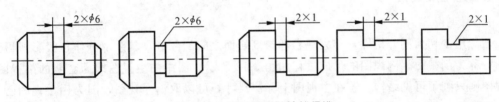

图 3-10　退刀槽和砂轮越程槽

3）中心孔（GB/T 145—2001）

在加工轴类零件外圆时，往往要在轴的一端或两端钻出中心孔，这是为轴类零件装夹、测量等需要而设计的。常见的形式有 A 型、B 型和 C 型，如图 3-11 所示。中心孔可在图中画出，也可用标准代号标注。

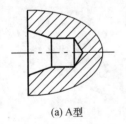
(a) A型

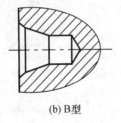
(b) B型

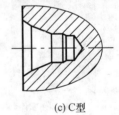
(c) C型

图 3-11　中心孔的类型

3. 轴类零件的识读

1）看标题栏

从零件的标题栏可知零件的名称、材料、比例等。从零件的名称可分析它的功用，由此可对零件有个概括的了解。

2）分析形体、想象零件的结构形状

这一步是看零件图的重要环节。首先从主视图出发，联系其他视图，根据投影规律进行分析。一般采用形体分析法逐个弄清零件各部分的结构、形状。对某些难看懂的结构，可运用线面分析法进行投影分析，彻底弄清它们的结构形状和相互位置关系，最后想象出整个零件的结构形状。

3）分析尺寸

看懂图样上标注的尺寸是很重要的。轴套类零件的主要尺寸是径向尺寸和轴向尺寸（高、宽尺寸和长度尺寸）。首先，找出径向、轴向的尺寸基准；然后，从基准出发，搞清楚哪些是主要尺寸；最后，用形体分析法找出各部分的定形尺寸和定位尺寸。在分析中要注意检查是否有多余的尺寸和遗漏的尺寸，并检查尺寸是否符合设计和工艺要求。

4）分析技术要求

分析零件的尺寸公差、形位公差、表面粗糙度和其他技术要求，弄清楚零件的哪些尺寸要求高，哪些尺寸要求低，哪些表面要求高，哪些表面要求低，哪些表面不加工，以便进一步考虑相应的加工方法。

4. 剖视图的画法

1）剖视图

假想用剖切面剖开机件，移去观察者与剖切面之间的部分，其余部分作正投影所得到的图形称为剖视图。剖视图的形成过程如图 3-12 所示。图中的主视图即为套圈的剖视图，左视图则只画了可见结构。若在主视图上标注尺寸，可以取消左视图，因为用主视图已能清楚表达零件的结构和大小。剖视图中，剖切平面与零件的接触部分称为剖面区域。还要画出剖面符号，不同的材料剖面符号不同。

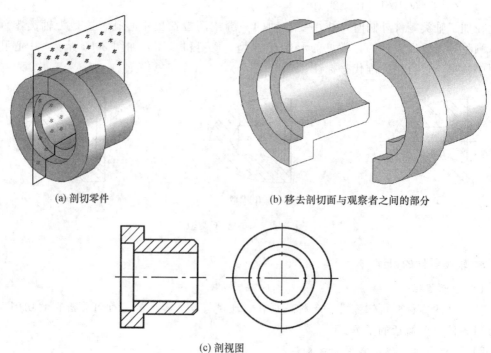

(a) 剖切零件　　　　　　　(b) 移去剖切面与观察者之间的部分

(c) 剖视图

图 3-12　剖视图的形成

2) 剖视图的画法

绘制零件的剖视图一般有以下几个步骤。

(1) 确定剖切面的位置。剖切面一般是平面或圆柱面，而平面用得最多。为表达零件内部的真实形状，避免剖切后产生不完整的结构要素，剖切平面通常平行于投影面，且通过零件内腔孔、槽的轴线或对称面。

(2) 画剖视图。剖开零件，移走前半部分，将剖切面截切零件所得的断面及零件的后半部分向投影面投影。

(3) 画剖面符号。在剖面区域画出剖面符号。一般机械零件是金属，采用45°的间隔均匀细斜线。

(4) 标出剖切平面的位置和剖视图的名称。

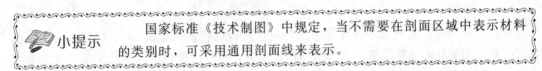

小提示　　国家标准《技术制图》中规定，当不需要在剖面区域中表示材料的类别时，可采用通用剖面线来表示。

3) 画剖视图应注意的问题

(1) 剖视图只是假想将零件剖开，除剖视图以外，其他视图必须按完整零件画出，如图3-12（c）所示。

(2) 画剖视图时，要把剖切面后面的可见轮廓线画全，不能出现漏线和多线。

(3) 在剖视图中，当内部结构已表达清楚时，虚线可省略不画，如图3-13（a）、图3-13（b）所示俯视图中省略了表示孔的虚线；在图3-13（a）所示左视图中表示右边平面的虚线可以省略。对没有表达清楚的结构，仍需画出虚线，如图3-13（b）所示左视图上表示右边圆柱面的虚线不能省略。

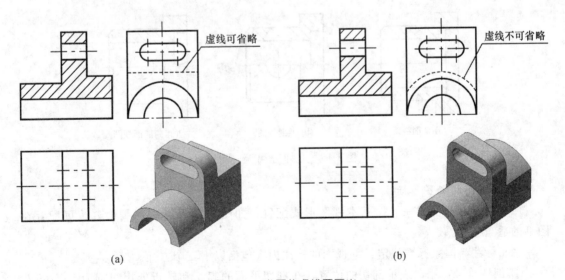

(a)　　　　　　　　　　　　(b)

图3-13　必要的虚线要画出

4）几种常用的剖视图

根据剖切范围的大小，剖视图可分为全剖视图、半剖视图和局部剖视图。如图 3-14 所示为轴套的几种常见的剖视立体图。

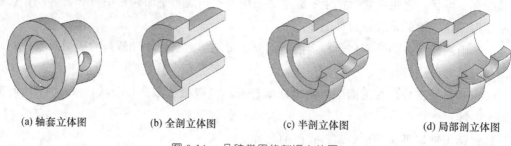

(a) 轴套立体图　　(b) 全剖立体图　　(c) 半剖立体图　　(d) 局部剖立体图

图 3-14　几种常用的剖视立体图

（1）全剖视图。用剖切平面完全地剖开机件所得的视图，如图 3-15（a）所示。全剖视图一般应用于外形比较简单、内部结构比较复杂且不对称的机件。显然不带小孔的套圈适合用全剖视图，也可用半剖视图、局部剖视图。

（2）半剖视图。当机件对称时，向垂直于对称平面的投影面上投影所得的图形，以对称中心线为界，一半画成视图，另一半画成剖视图，这种剖视图称为半剖视图。这样就可以在一个图形上同时反映物体的内、外部结构形状，如图 3-15（b）所示。

带小孔的套圈不适合用全剖视图，因为不能反映小孔的形状和位置特征，而用半剖视图和局部剖视图都可以体现出来，如图 3-15（b）和（c）所示。

（3）局部剖视图。用剖切平面局部地剖开机件所得的剖视图称为局部剖视图，如图 3-15（c）所示。剖视图用波浪线表示剖切范围。为了不引起误解，波浪线不要与图形中其他的图线重合，也不要画在其他图线的延长线上。

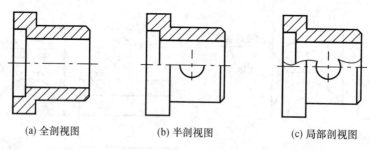

(a) 全剖视图　　(b) 半剖视图　　(c) 局部剖视图

图 3-15　几种常用的剖视图

5）剖视图的配置与标注

（1）配置。剖视图一般按基本视图形式配置，如图 3-16 所示。必要时，也可配置在图纸的适当位置。

（2）标注。国家标准规定，剖视图的标注内容包括以下三个方面。

① 剖切符号：用以表示剖切的位置，在剖切平面的起止和转折处用线宽为 $1\sim1.5d$、长为 $5\sim 8$ mm 的粗短线画出。

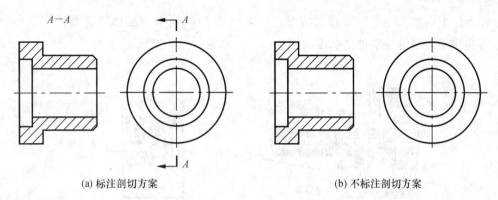

(a) 标注剖切方案　　　　　　　　(b) 不标注剖切方案

图 3-16　剖切方案的标注

② 箭头：用以表示剖切后的投射方向。

③ 大写字母：用以表示剖视图的名称。在表示剖切平面起止和转折位置的粗短画外侧写上相同的大写拉丁字母"×"，并在相应剖视图的上方正中位置，用同样的字母标出剖视图的名称"×—×"，字母一律按水平位置书写，字头朝上。

在下列情况下，剖视图的标注内容可简化或省略：当剖视图按投影关系配置，中间又无其他图形隔开时，可省略剖切符号中的箭头；如图 3-16（b）所示，当单一剖切平面通过机件的对称或基本对称平面，并且剖视图按投影关系配置，中间无其他图形隔开时，省略标注。

5. 螺纹的基础知识与规定画法

螺纹是指圆柱或圆锥面上沿着螺旋线所形成的具有相同剖面的连续凸起和沟槽。螺纹有内螺纹和外螺纹两种。在圆柱和圆锥外表面上加工出来的螺纹称为外螺纹；在圆柱和圆锥孔内表面上加工出来的螺纹称为内螺纹，如图 3-17 所示。

1）螺纹的形成

螺纹的形成原理：一根直线在圆柱上等距缠绕，最后形成一根螺旋线。当一平面图形（如三角形、梯形、矩形等）沿圆柱面作螺旋线运动，即形成不同断面形状的螺纹，如图 3-18 所示。

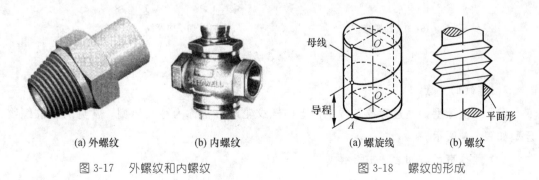

(a) 外螺纹　　　(b) 内螺纹　　　　　(a) 螺旋线　　　(b) 螺纹

图 3-17　外螺纹和内螺纹　　　　　图 3-18　螺纹的形成

2）螺纹的加工

在车床上削螺纹是螺纹形成的方法之一，如图 3-19 所示。工件等速旋转，刀具沿轴向作等速移动，即可在工件上加工出螺纹。

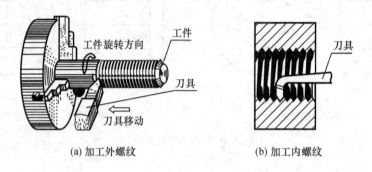

图 3-19　螺纹的车削加工

对于直径较小的内、外螺纹，也可以用丝锥或板牙加工而成，如图 3-20 所示。

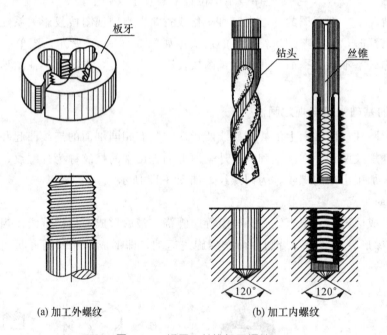

图 3-20　板牙、丝锥加工螺纹

3）螺纹的要素

（1）螺纹牙型。通过螺纹轴线剖面上的螺纹轮廓形状称为螺纹牙型。常见的标准螺纹牙型如表 3-1 所示。

（2）螺纹直径，如表 3-2 所示。

表 3-1　常用标准螺纹的牙型及符号

名称	普通螺纹	管螺纹	梯形螺纹	锯齿形螺纹	矩形螺纹
牙型符号	M	G	Tr	B	（无）
图例	60°	55°	30°	3° 30°	

表 3-2　螺纹直径

名称	代号	定义	图样
大径	d、D	与外螺纹牙顶或内螺纹牙底相切的假想圆柱面的直径（即螺纹的最大直径）	(a) 外螺纹
小径	d_1、D_1	与外螺纹牙底或内螺纹牙顶相切的假想圆柱面的直径（即螺纹的最小直径）	
中径	d_2、D_2	中径是一个假想圆柱的直径，该圆柱的母线通过牙型上凸起和沟槽宽度相等的地方，此假想圆柱的直径即为中径	(b) 内螺纹

(3) 螺纹的导程（P_h）和螺距（P）。

相邻两牙在中径线上对应两点的轴向距离称为螺距 P。

导程 P_h 是指同一条螺旋线上的相邻两牙在中径线上对应两点间的轴向距离，如图 3-21 所示。

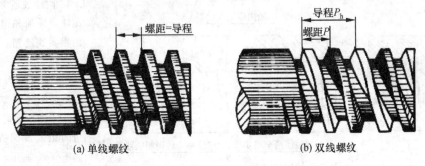

图 3-21　螺纹的线数、螺距及导程

(4) 螺纹的线数（n）。

螺纹的线数是指形成螺纹的螺旋线的条数，螺纹有单线和多线之分，如图 3-21 所示。

> **小提示**　由图 3-21 可知：对于单线螺纹，螺距等于导程；对于多线螺纹，螺距等于导程除以线数，即 $P=P_h/n$。

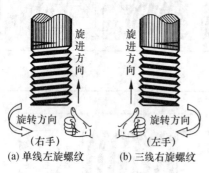

(a) 单线左旋螺纹　(b) 三线右旋螺纹

图 3-22　螺纹旋向的判别

(5) 螺纹的旋向。

螺纹旋进的方向就是螺纹的旋向。螺旋线有左旋和右旋之分。按顺时针方向旋进的螺纹称为右旋螺纹，按逆时针方向旋进的螺纹称为左旋螺纹。也可用左、右手来判别其旋向，如图 3-22 所示。

4) 螺纹连接的画法

在机械图样中，螺纹已经标准化，并且通常采用成型刀具制造，因此无须按其真实投影画图。标准件可根据国家标准 GB/T 4459.1—1995 规定的画法来表达，便于画图和看图，如表 3-3 所示。

(1) 外螺纹和内螺纹的规定画法。

表 3-3　螺纹的规定画法

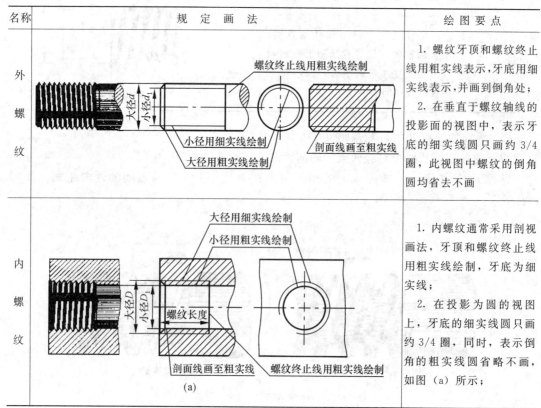

名称	规定画法	绘图要点
外螺纹		1. 螺纹牙顶和螺纹终止线用粗实线表示，牙底用细实线表示，并画到倒角处； 2. 在垂直于螺纹轴线的投影面的视图中，表示牙底的细实线圆只画约 3/4 圈，此视图中螺纹的倒角圆均省去不画
内螺纹		1. 内螺纹通常采用剖视画法，牙顶和螺纹终止线用粗实线绘制，牙底为细实线； 2. 在投影为圆的视图上，牙底的细实线圆只画约 3/4 圈，同时，表示倒角的粗实线圆省略不画，如图 (a) 所示；

续表

名称	规 定 画 法	绘图要点
内螺纹	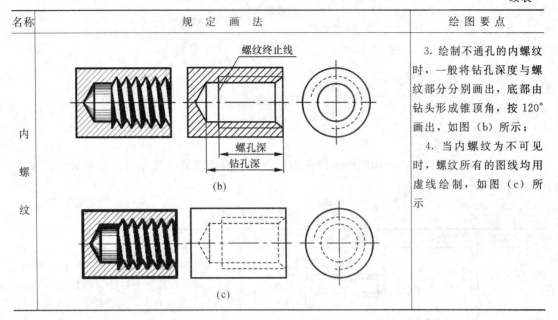	3. 绘制不通孔的内螺纹时，一般将钻孔深度与螺纹部分分别画出，底部由钻头形成锥顶角，按120°画出，如图（b）所示； 4. 当内螺纹为不可见时，螺纹所有的图线均用虚线绘制，如图（c）所示

(2) 内、外螺纹的连接画法。

首先必须明确：只有螺纹要素相同的内、外螺纹才能连接。

螺纹连接的画法如图 3-23 所示，绘图要点如下。

① 内、外螺纹连接常用剖视图表示，并使剖切平面通过螺杆的轴线。

② 螺杆按未剖切绘制。

③ 用剖视图表示螺纹的连接时，其旋合部分按外螺纹的画法绘制，其余部分仍按各自的画法表示。

④ 表示螺纹大、小径的粗、细实线应分别对齐，而与螺杆头部倒角的大小无关。

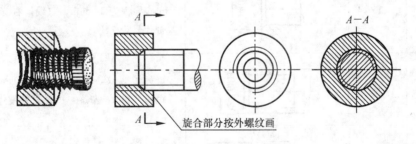

图 3-23 内、外螺纹的连接画法

5) 螺纹的种类及标注

无论是三角形螺纹，还是梯形螺纹，按上述规定画法画出后，在图中均不能反映其结构要素，因此国家标准对螺纹的主要要素——牙型、直径和螺距作了统一规定。

(1) 标准螺纹的分类。

常用标准螺纹按用途分类，如图 3-24 所示。

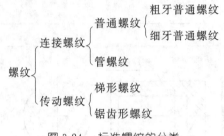

图 3-24 标准螺纹的分类

（2）螺纹的标注。

国标规定，标准螺纹应在图样上标注出相应标准所规定的螺纹标记。常用的螺纹标记如表 3-4 所示。

表 3-4 常用的螺纹标记

螺纹类型	牙型代号	标 注 示 例	标 注 含 义
普通螺纹	M	M20-5g6g-40	粗牙普通螺纹，公称直径为 20 mm，螺距为 2.5 mm，右旋，中径公差带代号为 5g，顶径公差带代号为 6g，旋合长度为 40 mm
普通螺纹	M	M36×2-6g	细牙普通螺纹，公称直径为 36 mm，螺距为 2 mm，右旋，中径和顶径公差带代号同为 6g，中等旋合长度
普通螺纹	M	M24×1-6H	细牙普通螺纹，公称直径为 24 mm，螺距为 1 mm，右旋，中径和顶径公差带代号同为 6H，中等旋合长度
梯形螺纹	Tr	Tr40×14(P7)-7H	梯形螺纹，公称直径为 40 mm，螺距为 7 mm，导程为 14 mm，双线，右旋，中径公差带代号为 7H
锯齿形螺纹	B	B32×6LH-7e	锯齿形螺纹，公称直径为 32 mm，单线，螺距为 6 mm，左旋，中径公差带代号为 7e
非螺纹密封的管螺纹	G	G1A　G1　φ1"	非螺纹密封的管螺纹，尺寸代号为 1，外螺纹公差等级为 A 级
用螺纹密封的管螺纹	R R_c R_p	R_c3/4　R3/4	用螺纹密封的管螺纹，尺寸代号为 3/4，内、外均为圆锥螺纹

小提示
- 普通螺纹的粗牙螺纹不标注螺距，细牙螺纹要标出螺距。
- 右旋螺纹省略不标出；左旋螺纹应标出，在螺距后加注"LH"。
- 旋合长度分三组，即短旋合长度（S）、中等旋合长度（N）、长旋合长度（L）。对于短旋合应在公差带后标"S"，对于长旋合应在公差带后标"L"，中等旋合不需标出。

（3）螺纹标记代号的组成。

普通螺纹的标记由三部分组成：

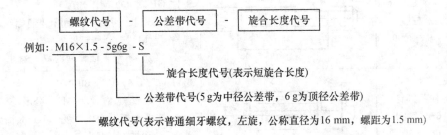

6）螺纹紧固件的画法及标记

螺纹紧固件连接的基本型式有螺栓连接、双头螺柱连接和螺钉连接。

螺纹紧固件的种类很多，其中最常见的一般都是标准件，即它们的结构尺寸均按其规定标记可从相应的标准中查出。常见的螺纹紧固件如图3-25所示。

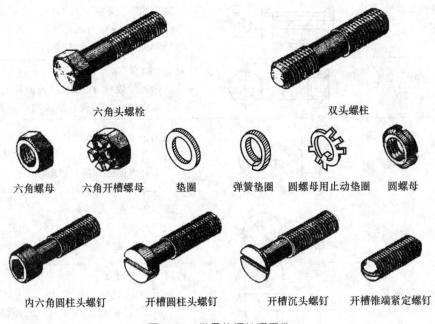

图3-25 常见的螺纹紧固件

根据国家标准《紧固件标记方法》(GB/T 1237—2000) 中的规定，紧固件可以采用简化标记，标注其名称、标准编号、型式与尺寸等三项内容，具体如表3-5所示。

表3-5　常用螺纹紧固件的标记

名称及标准号	简　图	标　记　示　例
六角头螺栓—C级 GB/T 5780—2000		螺栓 GB/T 5780 M12×80 　表示螺纹规格 d = M12、公称长度 l = 80 mm、性能等级为4.8级、不经表面处理的C级六角头螺栓
双头螺柱 GB/T 899—2000		螺柱 GB/T 899 M12×70 　表示B型、两端均为粗牙普通螺纹、螺纹规格 d = M12、公称长度 l = 70 mm，性能等级4.8级、不经表面处理的双头螺柱
开槽圆柱头螺钉 GB/T 65—2000		螺钉 GB/T 65 M6×30 　表示螺纹规格 d = M6、公称长度 l = 30 mm、性能等级为4.8级、不经表面处理的A级开槽圆柱头螺钉
开槽沉头螺钉 GB/T 68—2000		螺钉 GB/T 68 M10×60 　表示螺纹规格 d = M10、公称长度 l = 60 mm、性能等级为4.8级、不经表面处理的A级开槽沉头螺钉
十字槽沉头螺钉 GB/T 819.1—2000		螺钉 GB/T 819.1 M10×40 　表示螺纹规格 d = M10、公称长度 l = 40 mm、性能等级为4.8级、H型十字槽、不经表面处理的A级十字槽沉头螺钉
I型六角螺母—C级 GB/T 41—2000		螺母 GB/T 41 M12 　表示螺纹规格 d = M12、性能等级为5级、不经表面处理的C级六角螺母
平垫圈—C级 GB/T 95—2002		垫圈 GB/T 95 12 100HV 　表示公称尺寸 d = 12、性能等级为100HV级、不经表面处理的平垫圈
弹簧垫圈 GB/T 93—1987		垫圈 GB/T 93 12 　表示公称尺寸 d = 12、材料为65Mn、表面氧化的标准型弹簧垫圈
开槽锥端紧定螺钉 GB/T 71—1985		螺钉 GB/T 71 M10×35 　表示螺纹规格 d = M10、公称长度 l = 35 mm、性能等级为14H级、表面氧化处理的开槽锥端紧定螺钉

(1) 螺栓连接。

用螺栓、螺母、垫圈把两个零件连接在一起，称为螺栓连接。螺栓主要用于连接不太厚并能加工通孔的零件，如图 3-26 所示。

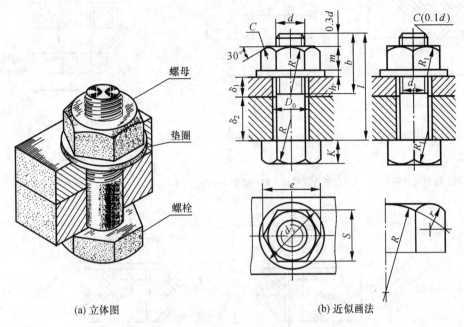

(a) 立体图　　　　　　　　　　　　　　(b) 近似画法

图 3-26　螺栓及其连接画法

① 螺栓、螺母及垫圈的近似比例画法。

为了简化作图，画螺栓连接图时，螺纹紧固件通常可按其各部分尺寸与螺栓大径 d 的比例关系近似画出，其比例关系可查表 3-6 获得。

表 3-6　螺栓紧固件近似画法的比例关系

部位	尺寸比例	部位	尺寸比例	部位	尺寸比例
螺栓	$b=2d$，$e=2d$，$R=1.5d$ $c=0.1d$，$k=0.7d$ $d_1=0.85d$ $R_1=d$ S 由作图决定	螺母	$e=2d$ $R=1.5d$ $R_1=d$ S 由作图决定 r 由作图决定	垫圈	$h=0.15d$ $d_2=2.2d$
				被连接件	$D_0=1.1d$

② 螺栓连接图的画法。

螺栓连接图的作图步骤可按其装配的顺序进行，如图 3-27 所示。

画螺栓连接图应注意以下几点。

- 两个零件的接触面只画一条线，不接触面为表示其间隙，仍画两条线。
- 两个零件的剖面线方向应相反，或方向一致、间隔不等。同一零件在各视图中的剖面线方向和间隔应保持一致。
- 当剖切平面通过螺纹紧固件的轴线时，这些零件均按不剖绘制。

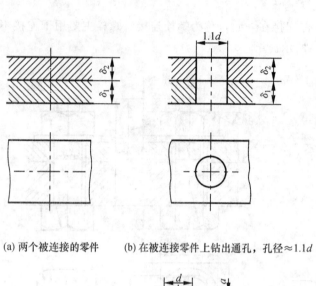
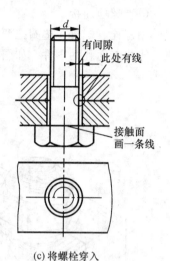
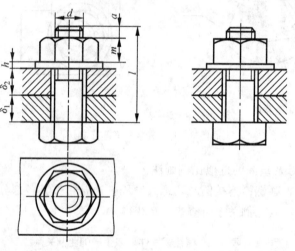

(d) 套上垫圈，拧紧螺母

图 3-27　螺栓连接图的画法

- 由图 3-27（d）可知，螺栓的公称长度应按下式计算，然后查表选定标准长度值。

$$l=\delta_1+\delta_2+h+m+a=\delta_1+\delta_2+0.15d+0.8d+0.3d$$

式中：δ_1、δ_2 为被连接件的厚度；h 为垫圈的厚度；m 为螺母的厚度；a 为螺栓伸出螺母的长度。

（2）螺柱连接。

当被连接的零件之一比较厚，不便加工成通孔时，可采用螺柱连接，如图 3-28 所示，下部零件较厚做成螺孔，上部零件做成通孔，将螺柱的一端（旋入端）旋入螺孔，另一端（紧固端）套上垫圈，然后拧紧螺母。

画螺柱连接图应注意以下几点。

- 为保证连接牢固，旋入端的螺纹终止线应与两零件的接触面平齐。

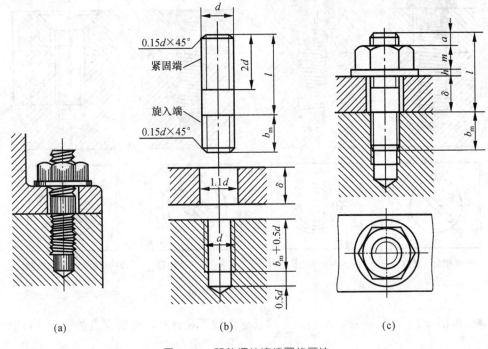

图 3-28 双头螺柱连接图的画法

- 旋入端长度 b_m 与被旋入零件的材料有关（钢 $b_m=1d$，铸铁或铜 $b_m=1.25d$），其数值可由标准查得；螺孔的深度应大于旋入端长度，一般取 $b_m+0.5d$。
- 由图 3-28（c）可知，螺柱的公称长度应按下式计算，然后查表选定标准长度值。

$$l=\delta+h+m+a=\delta+0.15d+0.8d+0.3d$$

式中：δ 为被连接上部零件的厚度；h 为垫圈的厚度；m 为螺母的厚度；a 为螺柱紧固端伸出螺母的长度。

(3) 螺钉连接。

螺钉连接是一种不需与螺母配用，而仅用螺钉连接两个零件的一种连接方式，主要应用在受力不大的场合。

螺钉种类很多，但按其用途可分为连接螺钉和紧定螺钉。

① 连接螺钉。

连接螺钉主要用于连接一个较薄的零件和一个较厚的零件，不需与螺母配用，常用于受力不大而又不经常拆卸的场合。如图 3-29 所示，被连接的下部零件做成螺孔，上部零件做成通孔，将螺钉穿过上部零件的通孔，然后与下部零件上的螺孔旋紧。

画连接螺钉的要点如下。

- 螺钉旋入螺孔的深度 b_m 与双头螺柱旋入端的螺纹长度相同，与被旋入零件的材料有关。
- 螺钉的旋入应比旋螺孔的深度 b_m 大，一般取 $2d$。
- 开槽螺钉在俯视图上应画成顺时针方向旋转 45°位置，如图 3-29 所示。

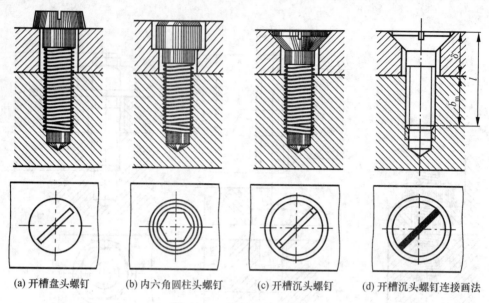

(a) 开槽盘头螺钉　　(b) 内六角圆柱头螺钉　　(c) 开槽沉头螺钉　　(d) 开槽沉头螺钉连接画法

图 3-29　螺钉及其连接画法

- 由图 3-29（d）可知，螺钉的公称长度应按下式计算，然后查表选定标准长度值。

$$l = \delta + b_m$$

式中：δ 为连接上部零件厚度；b_m 为螺钉旋入螺孔的长度。

② 紧定螺钉。

紧定螺钉用来防止两个相互配合的零件发生相对运动。如图 3-30 所示为用紧定螺钉限定轮和轴的相对位置。图 3-30（a）表示零件图上螺孔和锥坑的画法，图 3-30（b）为装配图上紧定螺钉的画法。

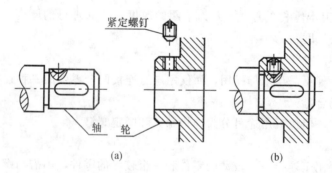

图 3-30　紧定螺钉及其连接画法

（4）螺纹连接画法的注意事项。

螺纹紧固件连接的基本型式很多，但其画法应遵守相关规定，在识读螺纹紧固件的连接画法时，应注意下列事项。

① 相邻两零件的接触表面画一条线，不接触表面画两条线。

② 表示相邻两零件的剖面线应方向相反，或方向一致、间隔不等。同一零件在不同的视图中，剖面线的方向和间隔应保持一致。

③ 当剖切平面通过螺栓、螺母、垫圈等标准件的轴线时，这些零件均按不剖绘制，即仍按外形画出。

6. 断面图的画法

1) 断面图的形成

假想用剖切面将机件的某处切断，仅画出其断面的图形，称为断面图，简称断面。如图 3-31（a）所示的轴，为了表达键槽的深度和宽度，假想用一个垂直于轴线的剖切平面在键槽处将轴切断，只画其断面的图形，并在断面上画出剖面线，如图 3-31（b）所示。

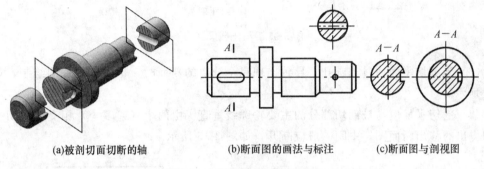

(a)被剖切面切断的轴　　(b)断面图的画法与标注　　(c)断面图与剖视图

图 3-31　断面图的形成与标注

画断面图时，应特别注意断面图与剖视图的区别，断面图仅画出机件被切断处的断面形状，而剖视图除了画出断面形状外，还必须画出断面后的可见轮廓线，如图 3-31（c）所示。

2) 断面图的分类

根据断面图配置位置的不同，可分为移出断面图和重合断面图两种。

（1）移出断面图：画在视图轮廓之外的断面图，移出断面的轮廓线用粗实线画出，如图 3-32（a）所示。

（2）重合断面图：画在视图轮廓线之内的断面图，重合断面的轮廓线用细实线画出，如图 3-32（b）所示。

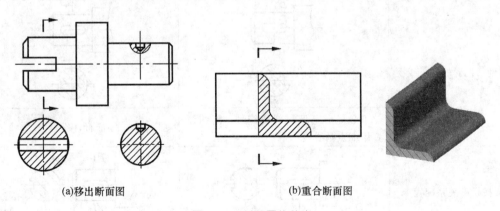

(a)移出断面图　　　　　　　　(b)重合断面图

图 3-32　断面图的种类

3) 断面图的画法

（1）按断面图的定义绘制，如图3-31（b）所示。

（2）当剖切平面通过由回转体形成的孔或凹坑的轴线时，按剖视图绘制，如图3-33所示。

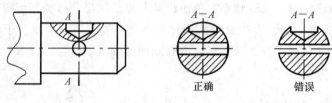

图 3-33　移出断面（1）

（3）当剖切平面通过非圆孔，导致出现完全分离的断面时，也应按剖视图绘制，如图3-34所示。

（4）剖切平面应与被剖切部分的主要轮廓线垂直。由两个（或多个）相交的剖切平面剖切得出的移出断面图，中间一般应断开，如图3-35所示。

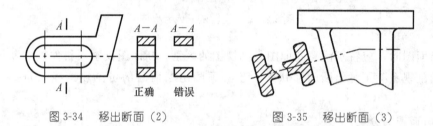

图 3-34　移出断面（2）　　　　图 3-35　移出断面（3）

4) 断面图的配置与标注

移出断面图的配置与标注如表3-7所示。

表 3-7　移出断面图的配置与标注

断面位置	对称的移出断面	不对称的移出断面
在剖切位置的延长线上	不必标出字母和剖切符号，剖切位置用细点画线表示	不必标注字母
按投影关系配置	不必标注箭头	不必标注箭头

续表

断面位置	对称的移出断面	不对称的移出断面
配置在其他位置	 标注字母，不必标注箭头	 标注全部符号、字母
配置在视图中断处	不必标注（图形不对称时，移出断面不得画在中断处）	

重合断面图的标注：对称的重合断面图不必标注；不对称的重合断面图，可标注，在不致引起误解时也可省略标注，如图3-36所示。

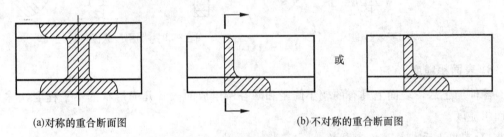

(a) 对称的重合断面图　　　　　　　　(b) 不对称的重合断面图

图 3-36　重合断面图的画法和标注

7. 局部放大图

当零件上某些局部细小结构在视图上难以表达清楚，又不便于标注尺寸时，可将该部分结构用大于原图形所采用的比例画出，这种图形称为局部放大图，如图3-37所示。

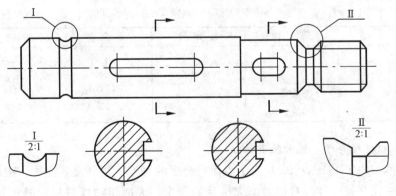

图 3-37　局部放大图的画法和标注

画局部放大图时应注意以下几点。

（1）局部放大图与原图形的表达方式无关，并需用细实线圈出被放大的部位。如在图3-37中，部分的放大图为视图，部分的放大图为断面图，但原图形中部分均为外形视图。

（2）绘制局部放大图时，应在视图上用细实线圈出被放大部分，并将局部放大图配置在被放大部位的附近。当同一零件上有几处需要放大时，需用罗马数字依次标明放大部位，并在局部放大图上方注出相应的罗马数字和所采用的比例，如图3-37所示。

（3）同一零件上不同部位的局部放大图，当图形相同或对称时，只需画出一个，如图3-38所示。

（4）必要时可用同一个局部放大图表达几处图形结构，如图3-39所示。

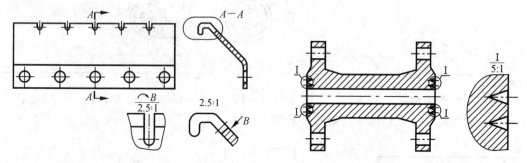

图 3-38　局部放大图的标注（1）　　　　图 3-39　局部放大图的标注（2）

8. 表面粗糙度

零件加工后，表面上具有的较小间距和峰谷所组成的微观几何形状的不平程度，称为表面粗糙度。

1）常用表面粗糙度评定参数

国家标准 GB/T 1031—1995 中规定的表面粗糙度高度参数主要有两个：

R_a——轮廓算术平均偏差；

R_z——微观不平度十点高度。

其中，R_a 最为常用，其数值如表3-8所示。

表 3-8　轮廓算术平均偏差（R_a）的系列值　　　　（单位：μm）

参　数	系列值	系列值	系列值	系列值
R_a	0.012	0.2	3.2	50
	0.025	0.4	6.3	100
	0.05	0.8	12.5	
	0.1	1.6	25	

2）表面粗糙度符号、代号及其注法

国家标准 GB/T 131—1993 规定了表面粗糙度的符号、代号及其注法。图样上所标注的表面粗糙度代（符）号是对该表面完工后的要求。表面粗糙度符号的画法如图3-40所示，符号的含义如表3-9所示。

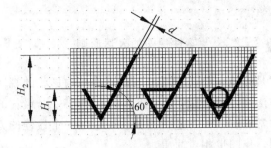

图 3-40 表面粗糙度符号的画法

表面粗糙度代号包含表面粗糙度符号、表面粗糙度参数,以及其他有关规定。若需要加工(采用去除材料的方法或不去除材料的方法),但对表面粗糙度的其他规定没有要求时,允许只标注表面粗糙度基本符号。表面粗糙度代号及其意义如表 3-10 所示。标注 R_a 值时,参数值前不需标注参数代号 R_a;标注 R_z 值时,参数值前需标注相应的参数代号 R_z。

表 3-9 表面粗糙度符号及其含义

符号	意义及说明
∨	基本符号,表示表面可用任何方法获得。当不加注表面粗糙度参数或有关说明(例如,表面处理、局部热处理状况等)时,仅适用于简化代号标注
∇	基本符号加一短画,表示表面是用去除材料的方法获得的,例如,车、铣、刨、钻、磨、剪切、抛光、腐蚀、电火花加工、气割等
∨○	基本符号加一小圆,表示表面是用不去除材料的方法获得的,如铸、锻、冲压变形、热轧、冷轧、粉末冶金等,或者用于保持原供应状况的表面(保持上道工序的状况)

表 3-10 表面粗糙度代号及其意义

代号	意义	代号	意义
3.2∨	用任何方法获得的表面粗糙度,R_a 的上限值为 3.2 μm	3.2max∨	用任何方法获得的表面粗糙度,R_a 的最大值为 3.2 μm
3.2∇	用去除材料方法获得的表面粗糙度,R_a 的上限值为 3.2 μm	3.2max∇	用去除材料方法获得的表面粗糙度,R_a 的最大值为 3.2 μm
3.2∇○	用不去除材料方法获得的表面粗糙度,R_a 的上限值为 3.2 μm	3.2max∇○	用不去除材料方法获得的表面粗糙度,R_a 的最大值为 3.2 μm
3.2 1.6 ∇	用去除材料方法获得的表面粗糙度,R_a 的上限值为 3.2 μm,R_a 的下限值为 1.6 μm	3.2max 1.6min ∇	用去除材料方法获得的表面粗糙度,R_a 的最大值为 3.2 μm,R_a 的最小值为 1.6 μm

3) 标注原则

(1) 在同一图样上,所有的表面都需要标注表面粗糙度,每一表面一般只标注一次代(符)号,并尽可能标注在可见轮廓线、尺寸界线、引出线或它们的延长线上。

(2) 符号的尖端必须从材料外指向该表面。

(3) 在图样上,表面粗糙度代号中数字的大小和方向必须与图中尺寸数字的大小和方向一致。

知识链接 零件视图的表达原则

零件的表达方案是指能完整、清晰地表达零件结构形状的视图方案，机械制图的国家标准中规定的方法都可以采用，关键是如何组合出一个最佳的视图方案。表达一个零件的视图方案常常有若干种，进行比较后确定出一个最佳的方案，即清晰、简洁的方案，既便于看图，作图也相对简单。

9. 视图方案中零件安放应遵循的原则

1) 加工位置原则

为使生产时便于看图，一般按零件在机械加工中所处的位置作为主视图的位置。

按零件的主体结构形状来分类，可将零件分为回转体和非回转体两类。回转体零件的大部分工序装夹位置都是按轴线水平放置，所以此类零件的安放都取轴线水平放置，如图 3-41 所示。

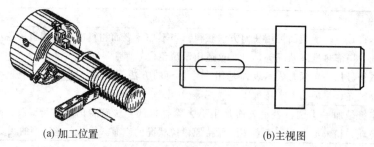

(a) 加工位置　　　　　　　　(b) 主视图

图 3-41　回转类零件的加工位置

2) 工作位置原则

工作位置是指零件在机器工作状态时的位置。若零件在加工过程中装夹位置经常变化，可考虑采用工作位置原则，如图 3-42 所示。

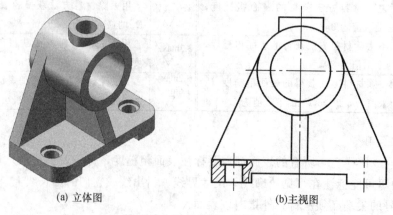

(a) 立体图　　　　　　　　(b) 主视图

图 3-42　轴承座的工作位置

3) 自然安放原则

对于箱壳类、座体、支座等非回转类零件，应考虑放置平稳的自然安放位置来作图。

4) 重要几何要素水平、垂直安放原则

在机器中常有一些不规则零件，如支架、叉等，这些零件的加工位置会发生变化，或者工作位置也会发生变化，或者无法自然安放，这时可将其重要的轴线、平面等几何要素水平或垂直放置。

10. 确定主视图的投影方向

选择主视图的投影方向时，应使主视图最能反映零件的形状特征，即在主视图上尽量多地反映出零件各组成部分的结构特征及相互位置关系。

11. 其他视图的选择

一般情况下，仅有一个主视图是不能把零件的形状和结构表达完全的，还必须配合其他视图。因此，主视图确定后，要分析还有哪些形状结构没有表达完全，考虑选择适当的其他视图。

综上所述，一个好的视图表达方案，应该表达正确、完整，图形简明、清晰。由于表达方法选择的灵活性较大，初学者应注重视图表达的正确与完整，并在识图、画图的不断实践中，逐步提高零件图的表达能力与技巧。

任务 2　运用 AutoCAD 绘制轴套类零件

活动情景

轴套类零件是大家都很熟悉的零件，画出它们的轮廓图已非难事，现在我们面对的问题是如何正确标注尺寸及技术参数。下面我们学习运用 AutoCAD 2008 绘制图 3-43 所示轴类零件，并按要求进行标注。

任务要求

(1) 学会使用 AutoCAD 2008 的相关工具绘制轴套类零件图。

(2) 学会运用 AutoCAD 2008 对所绘制的轴套类零件进行标注。

(3) 掌握使用 AutoCAD 2008 绘制轴套类零件的绘图技巧。

技能训练

1. 设置绘图环境

(1) 设置 A4 图纸图形界限，两个角点坐标分别为 (0, 0) 和 (297, 210)。

(2) 输入命令 ZOOM (Z) 回车，然后输入 a 回车，将图纸调整到最大。

(3) 设置图层。设置中心线、轮廓线、尺寸标注、剖面线和技术要求图层，如图 3-44 所示。

(4) 绘制标题栏，格式如图 3-43 所示。

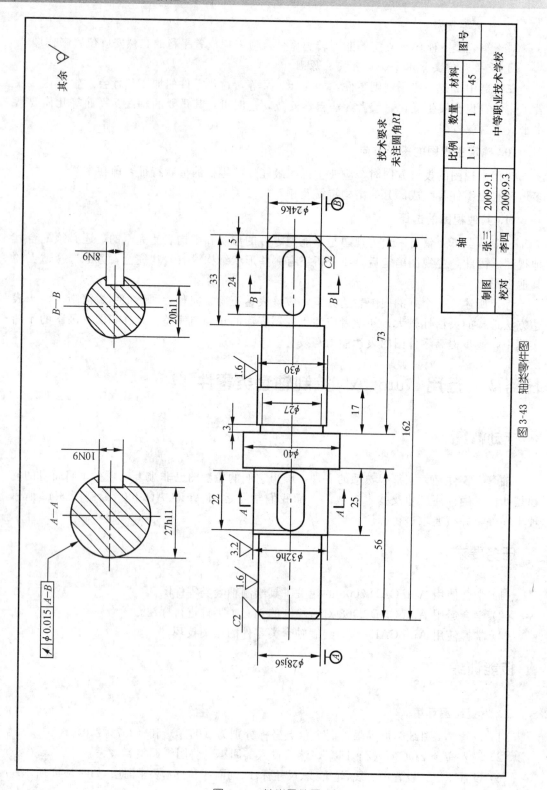

图 3-43 轴类零件图

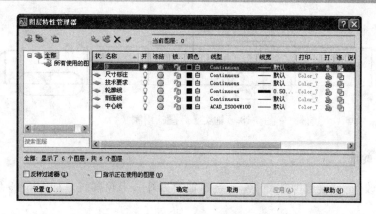

图 3-44 "图层特性管理器"对话框

2. 绘制中心线并确定图形的布局

将"中心线"图层置为当前层,单击"绘图"/"直线"按钮 ,根据轴的长度绘制适当长度的中心线。

3. 绘制半轴轮廓线

将"轮廓线"图层置为当前层,单击"绘图"/"直线"按钮 绘制轮廓线,如图 3-45 所示;单击"修改"/"倒角"按钮 绘制倒角,用"直线"命令连接倒角轮廓线,如图 3-46 所示;单击"修改"/"延伸"按钮 绘制阶梯轮廓投影线,如图 3-47 所示。

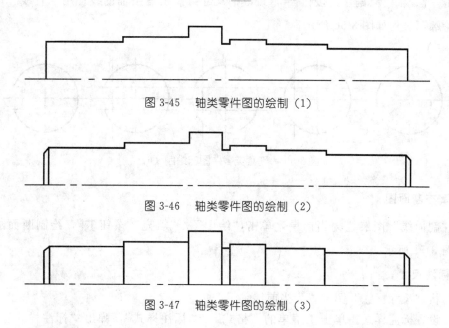

图 3-45 轴类零件图的绘制(1)

图 3-46 轴类零件图的绘制(2)

图 3-47 轴类零件图的绘制(3)

4. 绘制键槽

绘制键槽,如图 3-48 所示。

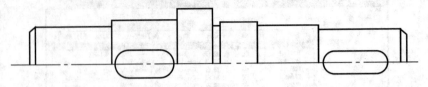

图 3-48 轴类零件图的绘制（4）

5. 完成外轮廓

单击"修改"/"镜像"按钮 ，绘制轴的另外一半轮廓线，如图 3-49 所示。

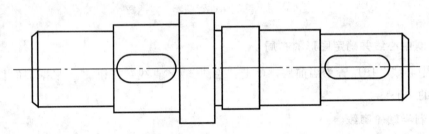

图 3-49 轴类零件图的绘制（5）

6. 绘制断面图

单击"修改"/"偏移"按钮 ，按键槽尺寸绘制出三条辅助线；用"直线"命令绘制键槽轮廓，过程如图 3-50 所示。

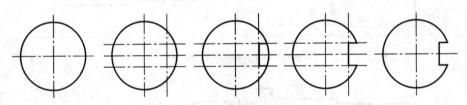

图 3-50 轴套类零件图的绘制（6）

7. 填充断面图

将"剖面线"图层置为当前层，单击"绘图"/"填充"按钮 ，绘制断面的剖面线，如图 3-51 所示。

8. 标注尺寸

（1）将"尺寸标注"图层置为当前层。

（2）设置标注样式。单击主菜单的"格式"/"标注样式"，弹出"标注样式管理器"对话框，如图 3-52 所示；设置所需的尺寸样式（参考图 3-43 所示图例的要求），设置好之后保存所设置的样式。

（3）设置常用的对象捕捉方式，并打开"对象捕捉"按钮。

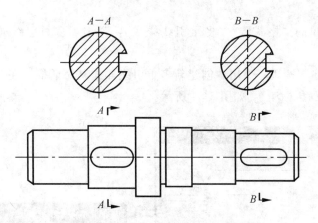

图 3-51　轴套类零件图的绘制（7）

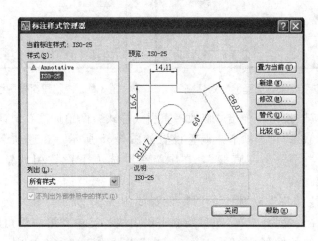

图 3-52　"标注样式管理器"对话框

（4）使用"标注"工具栏中的各种标注工具进行标注。

① 标注长度尺寸。将"国际—机械"置为当前；单击"标注"/"线性标注"按钮；捕捉到标注对象的一个端点，单击，指定所标尺寸的起点；按提示捕捉标注对象的第二个端点，单击，指定所标尺寸的起点；移动鼠标，在适当的位置单击，完成标注。这个命令可以完成所有长度尺寸的标注，共 14 个（见图 3-43）。

② 标注直径尺寸。将"线性标注直径"置为当前；单击"标注"/"线性标注"按钮；捕捉到标注对象的一个端点，单击，指定所标尺寸的起点；按提示捕捉标注对象的第二个端点，单击，指定所标尺寸的起点；移动鼠标，在适当的位置单击，完成标注。这个命令可以完成所有长度尺寸的标注，共 7 个（见图 3-43）。

③ 标注公差。

（5）使用"标注"/"编辑标注文字"按钮，对不适当的尺寸进行修改和编辑。

9. 标注倒角

（1）单击主菜单的"格式"/"多重引线样式"，弹出"多重引线样式管理器"对话框，如图 3-53 所示。

（2）单击"新建"按钮，弹出"创建新多重引线样式"对话框，在"新样式名"文本框中输入样式名"倒角标注"，如图 3-54 所示。

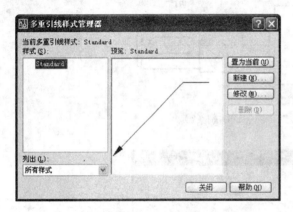
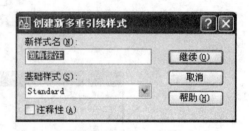

图 3-53 "多重引线样式管理器"对话框　　　图 3-54 "创建新多重引线样式"对话框

（3）单击"继续"按钮，弹出"修改多重引线样式：倒角标注"对话框。

（4）单击"引线格式"选项卡，调整设置如图 3-55 所示。在选项卡中的"基本"选项下设置引线的"类型"为"直线"，在"箭头"选项下设置引线箭头的"符号"为"无"，即引线不带箭头。

（5）单击"引线结构"选项卡，调整设置如图 3-56 所示。在"约束"选项下选中"最大引线点数"，并设置为"2"，即只绘制一段引线；选中"第一段角度"，并设置角度为"45"，即设置引线的倾斜角度为 45°；在"基线设置"选项下选中"自动包含基线"、"设置基线距离"，并设置基线距离为"0.1"，即设置该引线自动包含一段长为 0.1 的水平基线。

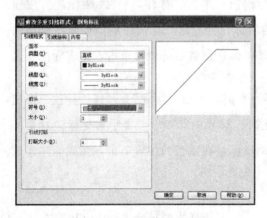

图 3-55 设置多重引线的格式　　　　　　图 3-56 设置多重引线的结构

（6）单击"内容"选项卡，选择"多重引线类型"为"多行文字"，单击"默认文字"文本框后的图标 出现多行文字，在"位文字编辑器"中输入"C1"，其余调整设置如图 3-57 所示。

（7）单击"确定"按钮返回主对话框，新的多重引线样式已经显示在"样式"列表中，并在"预览"框内显示该样式外观，如图 3-58 所示。

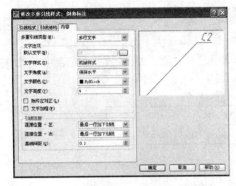
图 3-57　设置多重引线的注释内容

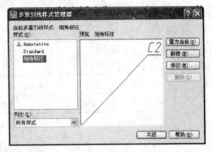
图 3-58　"倒角标注"样式及其预览

（8）选择"倒角标注"样式，单击"置为当前"按钮，将"倒角标注"样式置为当前样式。

（9）单击"关闭"按钮，完成设置。

（10）单击"多重引线"/"多重引线"按钮 ，操作步骤如下。

```
命令：_mleader                                    //启动"多重引线"命令
指定引线箭头的位置或［引线基线优先（L）/内容
优先（C）/选项（O）]〈选项〉：                     //用鼠标扑捉倒角处的拐点
指定引线基线的位置：                              //拖动鼠标到适当的位置单击
覆盖默认文字［是（Y）/否（N）]〈否〉：✓           //回车，采用默认的文字"C2"
```

10. 标注粗糙度

将粗糙度符号创建成块，重复插入适当的位置。

11. 绘制标题栏

按图 3-43 所示格式绘制标题栏。

12. 技术要求和其他内容

单击"绘图"→"多行文字"按钮 A，输入文字，填写技术要求。

项目小结

通过本项目的学习，能够用 A4 图纸手工绘制轴零件图，并使用 AutoCAD 2008 绘制轴零件图。在这一过程中，要重点掌握剖视图的概念和种类、断面图、局部放大图、零件的形体分析、轴套类零件的结构特点、视图表达方案的特点。尺寸基准主要考虑径向和轴向，径向以整体轴线为主要基准，轴向以重要端面为主要基准。除此之外，还要掌握零件图上粗糙度的标注与识读，学会使用 AutoCAD 2008 绘制轴套类零件的绘图技巧。

轴套类零件上常有一些局部小结构，如中心孔、螺纹、键槽、螺纹退刀槽、砂轮越程槽、倒角、倒圆等结构，这些结构的尺寸部分是标准化的，部分为推荐数据，测绘时要习惯查阅相关资料。

思考与练习

1. 在图 3-59 中标注尺寸（按 1:1 从图中量取尺寸数值，取整数），按表中给出的 R_a 数值在图中标注表面粗糙度。

表面	A	B	C	D	其余
R_a	6.3	6.3	3.2	12.5	25

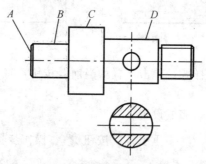

图 3-59　标注尺寸

2. 将图 3-60 中的主视图改画成全剖视图。

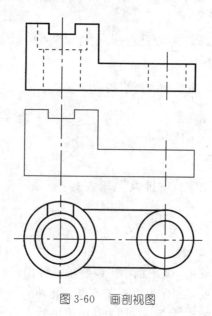

图 3-60　画剖视图

3. 改正图 3-61 中断面图上的画法错误，并完成断面图的标注。

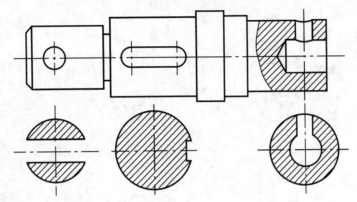

图 3-61　改正错误并完成标注

4. 分析图 3-62、图 3-63，并按标准图纸要求，用 AutoCAD 绘制并标注尺寸。

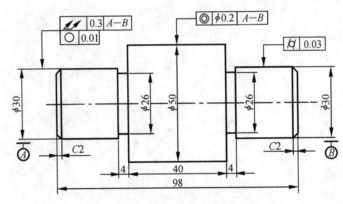

图 3-62　用 AutoCAD 绘图并标注尺寸（1）

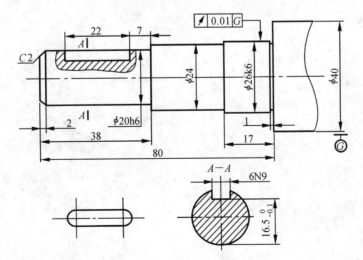

图 3-63　用 AutoCAD 绘图并标注尺寸（2）

项目 4

绘制盘盖类零件

∧θθθθ⊂

本项目讨论如何绘制端盖零件图、看懂阀盖等零件图，并运用AutoCAD 2008绘制盘盖类零件图。

∧θθθθ⊂

识读和绘制盘盖类零件图。

∧θθθθ⊂

(1) 了解盘盖类零件的结构特点和功用。

(2) 学会正确、清晰、合理地表达盘盖类零件的结构形状和大小。

(3) 能够正确标注零件的质量指标，并初步看懂。

(4) 读懂中等复杂程度的零件图，并能用AutoCAD绘制。

任务1　绘制端盖零件

活动情景

端盖是零件的一个大类，也是机器上的常见零件，是径向大、轴向小的扁平状结构，如图4-1所示。下面我们通过绘制图4-1所示的端盖，来学习如何在图纸上表达端盖类零件。

任务要求

（1）掌握端盖类零件的结构特点。
（2）掌握端盖类零件的尺寸注法和技术要求。

技能训练

1．选择视图，确定表达方案

因端盖类零件一般都是较短的回转体，主要在车床或镗床上加工，所以主视图常采用轴线水平放置的投射方向，符合零件的加工位置原则。为清楚表达零件的内部结构，主视图采用全剖视图。为表达外部轮廓，再用一个左视图反映外形和各阶梯孔、螺纹孔的分布情况，并通过一个局部剖视图来进一步表达M16-7H孔的内部结构。

2．选择比例，确定图幅

根据零件主视图和左视图中最大的尺寸，并考虑尺寸标注以及技术要求的填写，选择2:1的比例，使用A4幅面的图纸。

3．布置视图

根据图幅的尺寸，以及各视图每个方向上的最大尺寸和视图间要留的间隙，来确定每个视图的位置。视图间的空隙要保证标注尺寸后尚有适当的余地，并且要求布置均匀，不宜偏向一方。

4．画底图

（1）先画出每个基本视图互相垂直的两个基准线，如图4-2所示。
（2）根据尺寸画出主视图全剖视图和左视图局部剖视图，如图4-3所示。
（3）检查描深。检查底稿，改正错误，然后描深图线。
（4）标注尺寸。按照国家规定的标注尺寸的方法标注各个视图的尺寸。先标注定形尺寸，再标注定位尺寸，最后标注总体尺寸，如图4-4所示。
（5）技术要求。按照国家规定标注表面粗糙度、尺寸公差和形位公差，注写技术要求。

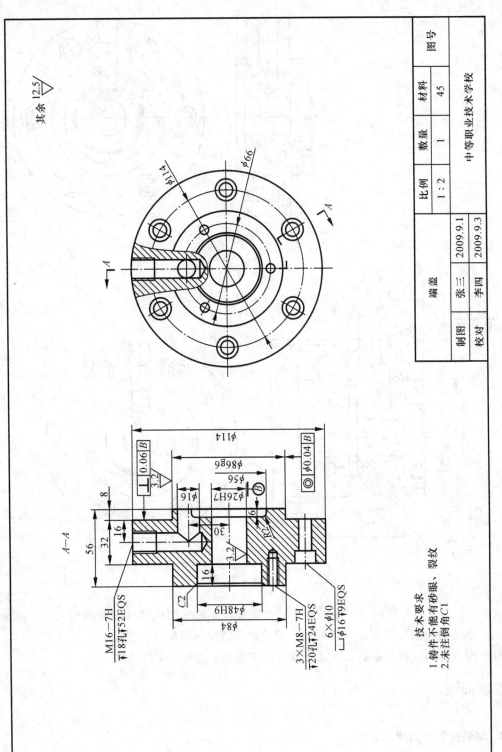

图4-1 端盖零件

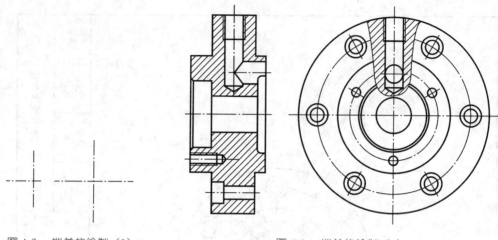

图 4-2　端盖的绘制（1）　　　　　图 4-3　端盖的绘制（2）

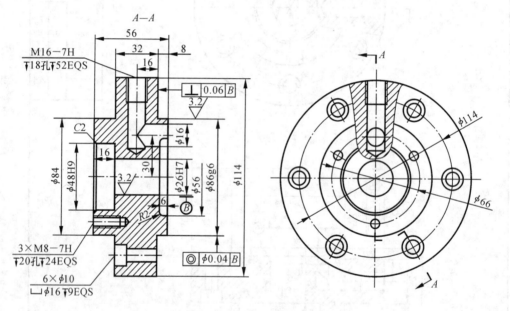

图 4-4　端盖的绘制（3）

（6）画标题栏，并加深图框线。按照教学中推荐使用的简化零件图标题栏尺寸，画出标题栏，填写相关内容并加深外边框线，最后加深图幅的图框线。

（7）完成全图。再次检查，改正错误，完成全图，如图 4-1 所示。

1. 端盖类零件的表达方法

一般采用两个基本视图表达端盖类零件，主视图按加工位置原则，轴线水平放置，通常采用全剖视图表达内部结构，另一视图表达外形轮廓和其他结构，如孔、肋、轮辐的相对位置。

2. 端盖类零件的尺寸标注

以回转轴线作为径向尺寸基准,轴向尺寸以主要结合面为基准,对于圆或圆弧形端盖类零件上的均匀孔,一般要用"$n×\phi EQS$"的形式标注,角度定位尺寸可省略。

3. 端盖类零件的技术要求

重要的轴、孔和端面尺寸精度较高,且一般都有形位公差要求,如同轴度、垂直度、平行度和端面跳动等。配合的内、外表面及轴向定位端面的表面有较高的表面粗糙度要求,材料多为铸件,有表面处理要求。

拓展知识

1. 简化画法

简化技术图样的画法,可以缩短绘图时间,提高工作效率,也是发展工程技术语言的必然趋势。下面介绍国家标准中规定的几种常用简化画法。

1)对称的简化画法

在不致引起误解时,对于对称机件的视图可以只画一半或四分之一,并在对称中心线的两端画出对称符号——与对称中心线垂直的两条细实线,如图 4-5 所示。

2)直径相同且成规律分布的孔的简化画法

若干直径相同且成规律分布的孔(圆孔、槽孔和沉孔),可以仅画一个或几个,其余只用点画线表示其中心位置,但在零件图中应注明孔的总数,如图 4-6 所示。

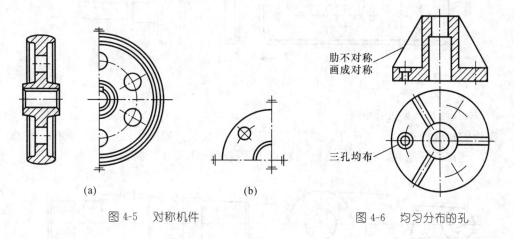

图 4-5 对称机件　　　　　图 4-6 均匀分布的孔

3)按一定规律分布的相同结构的简化画法

当机件具有若干相同结构(如齿、槽等),并按一定规律分布时,只需画出几个完整的结构,其余用细实线连接,但在零件图中应注明该结构的总数,如图 4-7(a)、(b)所示。

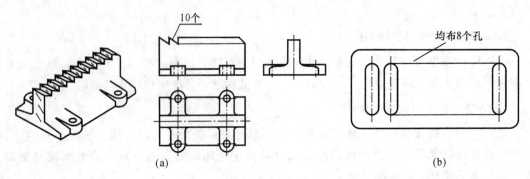

图 4-7 均布的结构相同的画法

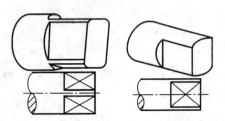

图 4-8 用平面符号的表示方法

4）用平面符号表达平面

当回转体零件上的平面在图形中不能充分表达时，可用平面符号——两条相交的细实线表示，如图 4-8 所示。

5）机件上的网纹和滚花的表示方法

机件上的网纹和滚花部分，可在轮廓线附近用细实线示意画出，并在零件图上或技术要求中注明这些结构的具体要求，如图 4-9 所示。

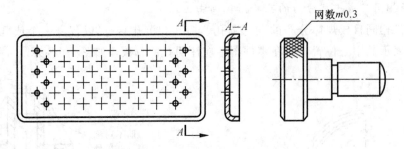

图 4-9 网纹及滚花结构画法

6）较长的机件断开简化画法

较长的机件例如，轴、杆件、型材、连杆等，沿长度方向的形状一致，或按一定规律变化时，允许断开绘制，但必须按照原来的实际长度标注尺寸，如图 4-10 所示。

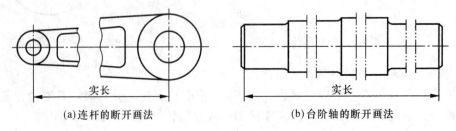

图 4-10 较长机件断开简化画法

7) 剖视图的规定画法

（1）机件上的肋、轮辐及薄壁的规定画法。

肋、轮辐及薄壁等，若剖切面通过板厚的对称平面或轮辐的轴线，则这些结构都不画剖面符号，而是用粗实线将它与其邻接部分分开。但当剖切面垂直于肋和轮辐等的对称平面或轴线时，这些结构仍应画剖面符号。如图 4-11 所示，其中左视图、俯视图均为全剖视图。

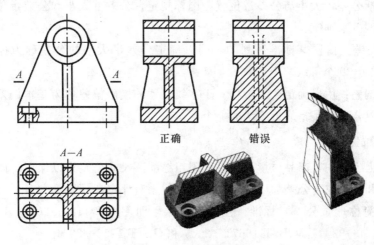

图 4-11　肋的剖切画法

左视图中，剖切面通过侧平肋板厚的对称平面，故侧平肋不画剖面线，并且用粗实线将它与其邻接部分分开。而剖切面垂直于正平肋板厚的对称平面，故正平肋仍应画剖面线。

俯视图中，剖切面沿垂直于肋的方向剖切，两个肋均要画出剖面线。

（2）当零件的回转体上均匀分布的轮辐、肋、孔等结构不处于剖切面上时，可将这些结构旋转到剖切面上后画出，如图 4-12 所示。

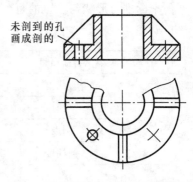

图 4-12　轮辐、肋、孔等结构不处于剖切面上的剖切画法

2. 尺寸与尺寸公差

（1）基本尺寸：由设计确定的尺寸称为基本尺寸。

（2）实际尺寸：通过测量获得的尺寸称为实际尺寸。

（3）极限尺寸：允许尺寸变化的两个界限值称为极限尺寸。其中，允许的最大尺寸称为最大极限尺寸；允许的最小尺寸称为最小极限尺寸。

（4）尺寸偏差：某一尺寸减其基本尺寸所得的代数差称为尺寸偏差，简称偏差。最大极限尺寸减其基本尺寸所得的代数差称为上偏差，孔、轴的上偏差分别用 ES 和 es 表示。最小极限尺寸减其基本尺寸所得的代数差称为下偏差，孔、轴的下偏差分别用 EI

和 ei 表示。

(5) 尺寸公差：允许尺寸的变动量称为尺寸公差，简称公差。

公差＝最大极限尺寸－最小极限尺寸＝上偏差－下偏差

公差是一个没有正负号的绝对值。

(6) 零线：表示基本尺寸的一条直线称为零线。

(7) 公差带：由代表上偏差和下偏差的两条直线所限定的区域。

公差带包括公差带大小与公差带位置。国标规定，公差带大小和公差带位置分别由标准公差和基本偏差来确定。

(8) 标准公差：由国家标准所列的，用以确定公差带大小的公差称为标准公差，用"IT"表示，共分 20 个等级。

(9) 基本偏差：用以确定公差带相对于零线位置的极限偏差称为基本偏差。它可以是上偏差或下偏差，一般是指靠近零线的那个偏差。

3. 形状和位置公差

在现代化大生产中，产品质量不仅需要用粗糙度、尺寸公差给以保证，而且还要对零件的几何形状和相对位置公差加以限制。因此，国家对评定产品质量发布了一系列的形状和位置公差（简称形位公差）标准，主要有五项，即 GB/T 1182—2008，GB/T 1184—1996，GB/T 4249—2009，GB/T 16671—2009 和 GB/T 1958—2004。

1) 形位公差的特征项目和符号

国家标准对形状与位置的每个特征项目都规定了专用符号，如表 4-1 所示。

表 4-1　表面粗糙度的标注方法

分类		特征项目	符号	分类		特征项目	符号
形状		直线度	—	定向		平行度	∥
		平面度	▱			垂直度	⊥
		圆度	○			倾斜度	∠
		圆柱度	⌭	位置		同轴度	◎
形状或位置	轮廓	线轮廓度	⌒		定位	对称度	═
						位置度	⌖
		面轮廓度	⌓		跳动	圆跳动	↗
						全跳动	⌰

2) 形位公差的标注

(1) 公差框格。

形位公差要求在矩形方框中给出，该方框由两格或多格组成，每格的填写内容如图 4-13 所示。若公差带是圆形或圆柱形，则在公差值前加注"ϕ"，如是球形的，则加注"$S\phi$"。第三格根据需要而定，形状公差无基准；对于位置公差，需一个或多个字母表示基准要素或基准体系。公差框格可水平或垂直放置。

图 4-13 形位公差代号

(2) 被测要素的标注。

用带箭头的指引线将框格与被测要素相连,按以下方式标注。

① 当公差涉及轮廓线或表面时,将指引线箭头置于要素的轮廓线或轮廓线的延长线上,并与相应的尺寸线明显地错开,如图 4-14 所示。

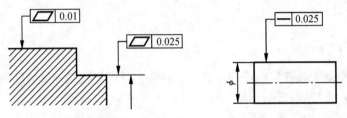

图 4-14 被测要素标注方式(1)

② 当公差涉及轴线或中心平面时,带箭头的指引线应与尺寸线的延长线重合,如图 4-15 所示。

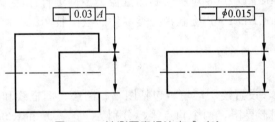

图 4-15 被测要素标注方式(2)

③ 基准要素的标注:基准要素用基准字母表示,基准符号用带小圆的大写字母通过细实线与粗的短横线相连,如图 4-16(a)所示。

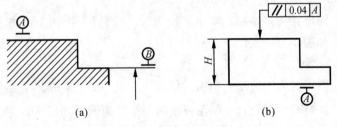

图 4-16 被测要素标注方式(3)

当基准要素为轮廓线或表面时,基准符号的短横线贴近基准要素的外轮廓线或在它的延长线上,但应与尺寸线明显错开,如图 4-16 所示。

当基准要素为轴线、中心平面或带尺寸的要素确定的点时,基准符号中的线与尺寸线对齐,如图 4-17 所示。

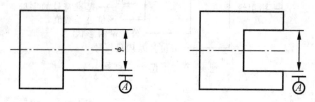

图 4-17　被测要素标注方式(4)

任务 2　运用 AutoCAD 绘制盘盖类零件

活动情景

盘盖类零件也是大家都很熟悉的零件,下面我们学习运用 AutoCAD 2008 绘制图 4-18 所示盘盖类零件,并按要求进行标注。

任务要求

(1)学会使用 AutoCAD 2008 的相关工具绘制盘盖类零件图。
(2)学会运用 AutoCAD 2008 对所绘制的盘盖类零件进行标注。
(3)学会使用 AutoCAD 2008 绘制盘盖类零件的绘图技巧。

技能训练

(1)了解绘图要求,设置绘图环境(包括图幅、图层、图框线和标题栏等)。
① 设置 A4 图纸图形界限,两个角点坐标分别为 (0,0) 和 (297,210)。
② 输入命令 ZOOM(Z)回车,然后输入 a 回车,将图纸调整到最大。
③ 设置图层。设置中心线、轮廓线、尺寸标注、剖面线和技术要求图层。
④ 绘制标题栏,格式如图 4-18 所示。
(2)绘制中心对称线,进行初步布局。

将"中心线"图层置为当前层,单击"绘图"/"直线"按钮，根据图纸尺寸完成初步定位和布局,如图 4-19 所示。

(3)绘制基本轮廓线。

将"轮廓线"图层置为当前层,单击"绘图"/"直线"按钮，绘制主视图的轮廓线,单击"绘图"/"圆"按钮绘制左视图的三个轮廓圆,如图 4-20 所示。

(4)绘制主视图中的倒角、左视图中的键槽。

单击"修改"/"倒角"按钮对主视图中的有关直线进行倒角;在左视图中绘制键槽,方法步骤与轴类零件的键槽绘制过程相同。

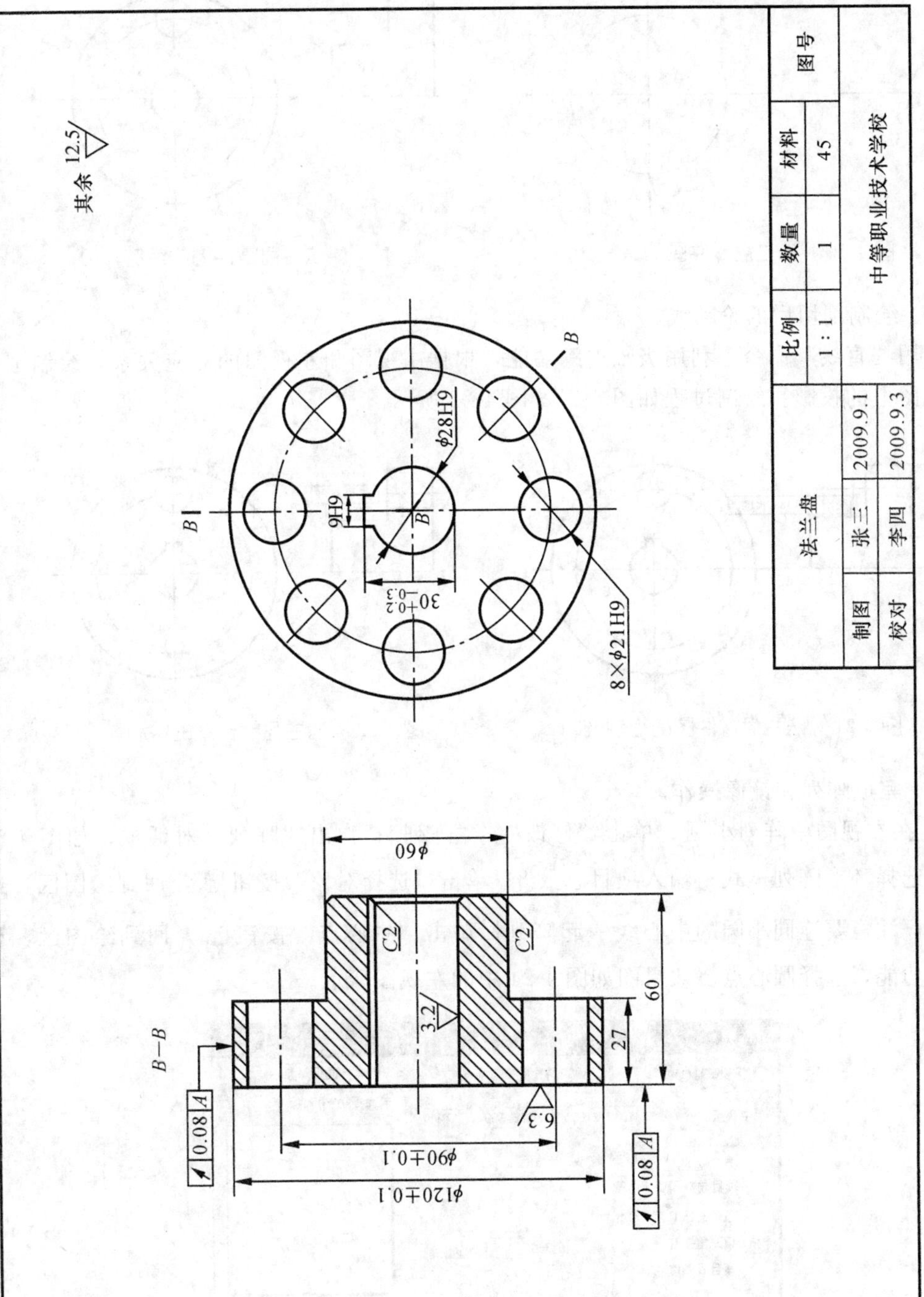

图4-18 法兰盘零件图

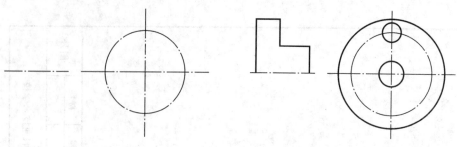

图 4-19 法兰盘零件图的绘制（1）　　　图 4-20 法兰盘零件图的绘制（2）

（5）绘制剖切后的轮廓线。

运用"直线"命令，利用极轴追踪功能，根据主视图和左视图的对应关系，绘制圆孔在主视图上的投影。绘制过程如图 4-21、图 4-22 所示。

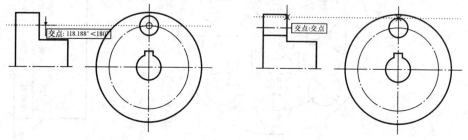

图 4-21 法兰盘零件图的绘制（3）　　　图 4-22 法兰盘零件图的绘制（4）

（6）完成阵列和镜像操作。

① 在左视图中阵列小圆。单击"修改"/"阵列"；弹出"阵列"对话框，如图 4-23 所示；选择环形阵列模式；输入项目总数 8；单击"选择对象"按钮，回到绘图区，选择小圆，注意要连同小圆的中心线一起阵列；单击"中心点"按钮，回到绘图区，利用捕捉功能，选择圆心点。效果图如图 4-24 中的左视图所示。

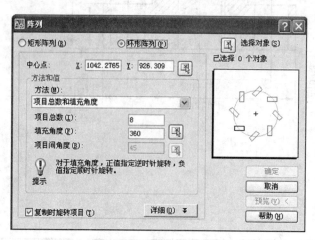

图 4-23 "阵列"对话框

② 在主视图中镜像轮廓线。单击"修改"/"镜像";根据提示选择对象(窗选主视图的上半部分),回车;捕捉镜像线的第一点(点击中心线的左端点);捕捉镜像线的第二点(点击中心线的右端点);完成镜像,如图4-24中的主视图所示。

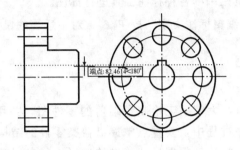

图 4-24 法兰盘零件图的绘制(5)

(7) 绘制主视图中键槽的倒角、轮廓线。

利用"直线"命令,绘制倒角轮廓线,并利用追踪功能绘制圆孔和键槽在主视图中的三条轮廓线,如图4-25所示。

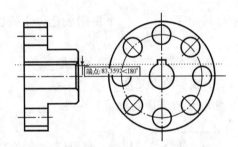

图 4-25 法兰盘零件图的绘制(6)

(8) 填充主视图的剖面线。

按要求使用金属剖面的图案和适当的比例,如图4-26所示。

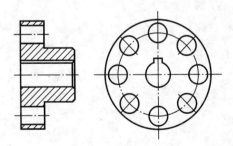

图 4-26 法兰盘零件图的绘制(7)

(9) 标注尺寸。

① 将"标注尺寸"图层设为当前层。

② 单击"标注"/"标注样式",弹出"尺寸样式管理器"对话框,根据图 4-18 设置所需要的尺寸样式,并保存。
③ 设置常用的对象捕捉方式,并打开"对象捕捉"功能。
④ 使用"标注"工具栏中的各种标注工具进行标注。
⑤ 使用"标注"/"编辑标注文字"按钮,对不适当的尺寸进行修改和编辑。

项目小结

通过对本项目的学习,大家手工绘制了端盖的零件图,并用 AutoCAD 2008 绘制了法兰盘的零件图。在这一过程中,要重点掌握盘盖类零件的结构特征、视图表达方案的确定;灵活应用各种简化画法;掌握尺寸基准的选择,径向以整体轴线为主要基准,轴向以重要端面为主要基准;掌握形位公差的标注;学会使用 AutoCAD 2008 绘制盘盖类零件的绘图技巧。

思考与练习

1. 在图 4-27 中,法兰盘共用了_____个视图表达,主视图采用了_____表达方法。
2. 在图 4-27 中,4 个沉孔直径为_____,深度是_____。
3. 在图 4-27 中,标示 2:1 表示的含义是_____。
4. 在图 4-27 中,法兰盘最光洁表面粗糙度代号为_____,有_____处,要求最不光洁的表面粗糙度代号为_____。
5. 在图 4-27 中,有_____处公差带代号,φ42H7 的含义为_____。
6. 在图 4-27 中,共有_____处形位公差代号,解释形位公差 ◎|φ0.02|A 的含义:被测要素是_____,基准要素是_____,公差项目是_____,公差值是_____。
7. 用 AutoCAD 2008 绘制图 4-27 所示零件图。

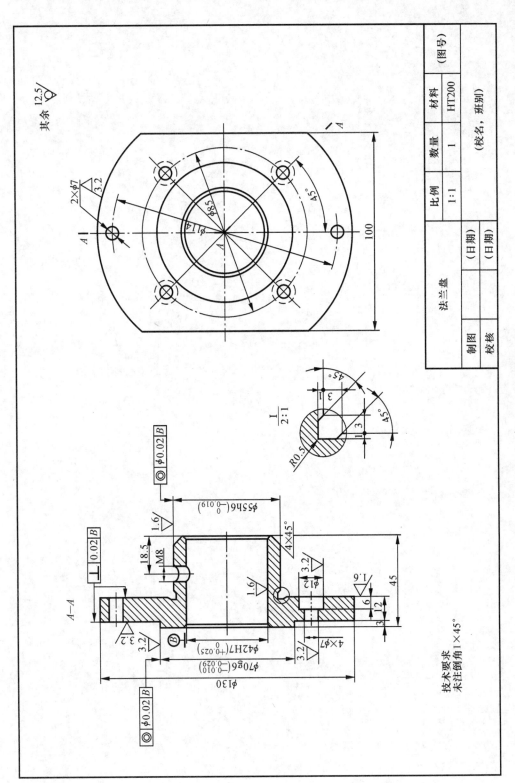

图4-27 法兰盘零件图

项目 5

绘制叉架类零件

∧θθθθ⌒

叉架类零件包括拨叉、连杆和各种支架等,起支承、传动、连接等作用,内外形状较复杂,多经铸锻加工而成。本项目讨论叉架类零件图的表达方法,并用AutoCAD绘制此类零件图。

∧θθθθ⌒

识读和绘制叉架类零件图。

∧θθθθ⌒

(1) 了解叉架类零件的结构特点和功用。

(2) 学会正确、清晰、合理地表达叉架类零件的结构、形状和大小。

(3) 能够正确标注零件的质量指标,并初步看懂。

(4) 读懂中等复杂程度的零件图,并能用AutoCAD绘制。

任务1　绘制叉架

活动情景

机器上常常安装有支架、吊架、连杆、拨叉、摇臂等,这些都属于叉架类零件。这类零件的形体较为复杂,一般都具有肋、板、杆、筒、座、凸台、凹坑等结构。大多数叉架类零件的主体部分都可以分为工作、支承及连接三大部分,如图 5-1 所示。

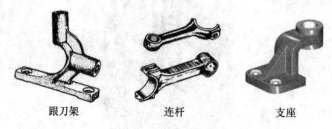

跟刀架　　　　　　连杆　　　　　　　支座

图 5-1　叉架类零件

任务要求

(1) 了解叉架类零件图所包含的基本内容。
(2) 熟悉叉架类零件的结构特点和技术要求。
(3) 掌握绘制叉架类零件的方法。

工作任务

绘制图 5-2 所示拨叉的零件图。

技能训练

1. 绘图前的工作

(1) 识读图形,确定表达方案,拟定作图步骤。
(2) 确定绘图比例,选取图幅,固定图纸,画出图框和标题栏。

2. 在 A4 绘图纸上绘制拨叉零件图底稿

要求均匀布图,作图仔细、准确,图线细、淡、清晰,图面整洁(注意三角板清洁,以及擦图时的图面清洁)。

画底稿的步骤如下。
(1) 画出基本视图的作图基准线、轴线或对称线,确定图形位置。
(2) 画出基本视图(主视图、左视图)及局部视图的底稿。

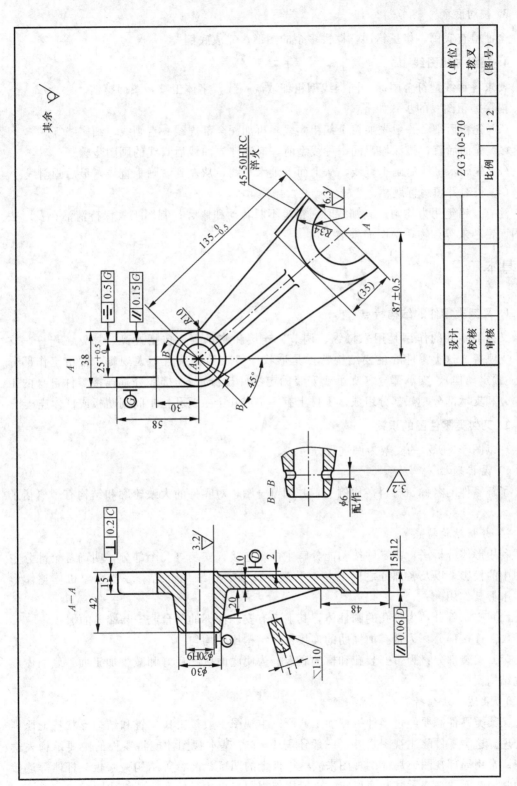

图5-2 拨叉零件图

3. 校对底稿

全面检查底稿，修正错误，擦去多余的图形，完成底稿。

4. 描深加粗图线

要求各种线型符合国标，同类线型粗细浓淡一致，字体工整，图面整洁。

描深加粗图线的步骤如下。

（1）先粗后细，一般先加粗全部粗实线，再加深全部虚线、点画线、细实线等。

（2）先曲后直，描深加粗同一种线型时，应遵守先曲线后直线的画图步骤。

（3）先画水平线后画垂直线，从上而下画水平线，从左到右画垂直线，最后画斜线。

（4）校对并填写标题栏。

注意：铅笔用力均匀；画细线时，铅笔不断转动和修磨；制图工具保持清洁；及时去掉图面铅芯末等杂物，使图面整洁。

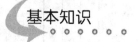

基本知识

1. 叉架类零件的结构特点

叉架类零件的作用是用来操纵、调节、连接和支承等，包括拨叉、摇臂、连杆、支架、支座等。这类零件的主要结构特点是形状一般较为复杂且不太规则，常由工作部分（传递预定动作）、支承部分（支承或安装固定零件自身）、连接部分（连接零件自身的工作部分和支承部分）三部分组成。零件上有一个或几个主要孔，中间用肋板或杆体连接。

2. 叉架类零件图的识读

现以图 5-3 所示的支架为例进行分析。

1）看标题栏

了解零件的名称、材料、比例等，并浏览全图，对零件的大致轮廓和结构有个概括了解。

2）分析结构特点

利用形体分析法，将零件按功能分解主体、连接、安装等几个部分，明确各个部分主视图中的投影，以及各部分之间的相对位置，认真、仔细地分析，综合想象机体整体形状，掌握其作用。

（1）支承部分：为带孔的圆柱体，其上面有安装油杯的凸台或安装端盖的螺孔。

（2）连接部分：为带有加强肋的连接板，结构比较均匀。

（3）安装部分：为带安装孔和槽的底板，为使底面接触良好和减少加工面，底面做成凹坑结构。

3）表达方法分析

叉架类零件需要经过多种机械加工，所以主视图一般按工作位置和结构形状特征原则来处理。这类零件除主视图之外，一般还需 1~2 个基本视图才能将零件的主要结构表达清楚。常用局部视图或局部剖视图来表达零件上的凹坑、凸台等结构；肋板、杆体等连接结构常用断面图来表示其断面形状；一般用斜视图来表达零件上的倾斜结构。

项目 5 绘制叉架类零件 | 139

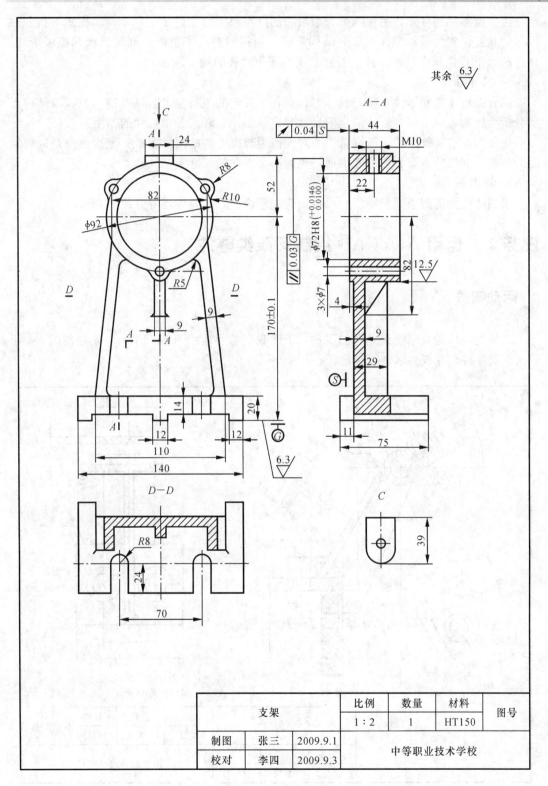

图 5-3 支架零件图

由支架零件图可知，主视图配合带阶梯剖的左视图，表达了支承套筒、支承肋板、底板等的相互位置关系和零件大部分结构形状。俯视图突出了肋板的剖面形状和底板形状，顶部凸台用 C 向视图表示。此处要注意左视图中肋板的规定画法。

4）尺寸分析

综合分析视图和形体，确定长、宽、高各个方向的主要基准。从基准出发，以结构形状分析为线索，再了解各形体的定形尺寸和定位尺寸，弄清各个尺寸的作用。

支架为左右对称结构，所以选中心对称面为长度方向的尺寸基准；宽度方向是以后端面为基准；支架的底面为装配基准面，也为高度方向的尺寸基准。

5）了解技术要求

读图时应弄清楚表面粗糙度、尺寸公差、形位公差、热处理等方面的要求。

任务 2　运用 AutoCAD 绘制叉架类零件

活动情景

叉架类零件是大家都很熟悉的零件，下面我们学习运用 AutoCAD 2008 绘制图 5-4 所示叉架类零件，并按要求进行标注。

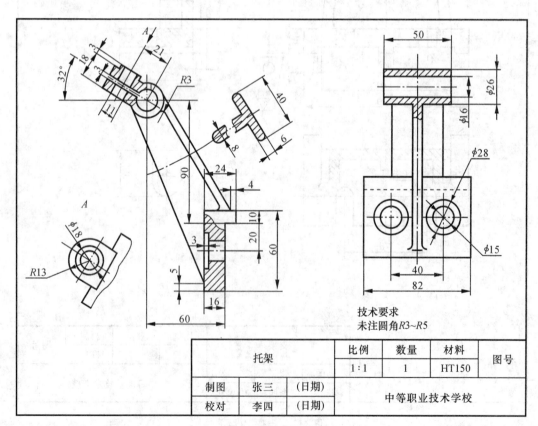

图 5-4　托架类零件图

任务要求

(1) 学会使用 AutoCAD 2008 的相关工具绘制叉架类零件图。
(2) 学会运用 AutoCAD 2008 对所绘制的叉架类零件进行标注。
(3) 掌握使用 AutoCAD 2008 绘制叉架类零件的绘图技巧。

技能训练

(1) 设置 A4 图纸和所需图层,绘制边框线和标题栏。
① 设置图形界限,两个角点坐标分别为(0,0)和(297,210)。
② 输入命令 ZOOM(Z)回车,然后输入 a 回车,将图纸调整到最大。
③ 设置图层。建立轮廓线层、中心线层、剖面线层和标注层。
④ 绘制标题栏,如图 5-4 所示。
(2) 绘制主视图。
① 主视图布局。设定轮廓线层为当前层。直线 A、B 和 D 是主视图的主要作图基准线。首先用"XLINE"命令绘制定位线 A、B,然后平移 A、B 以形成直线 C、D,如图 5-5 所示。
② 完成主视图细节。绘制圆 E、F,再单击"修改"/"平移"按钮 ![icon],平移直线 C、D 以完成图形细节 G,如图 5-6 所示。

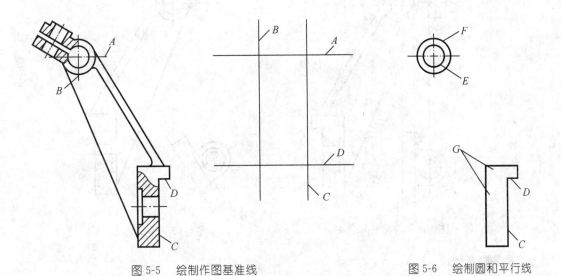

图 5-5 绘制作图基准线   图 5-6 绘制圆和平行线

③ 单击"绘图"/"直线"按钮 ![icon],绘制图形细节 H 及切线 I、J,再绘制平行线 K,然后单击"修改"/"圆角"按钮 ![icon],倒圆角,结果如图 5-7 所示。
④ 绘制斜视图。单击"修改"/"平移"按钮 ![icon],平移直线 A、B 以完成图形细节

N，如图 5-8 所示。

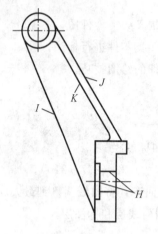
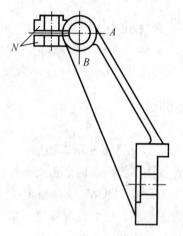

图 5-7　绘制图形细节 H 及切线 I、J　　　图 5-8　绘制图形细节 N

⑤ 在水平位置绘制斜视图 P。绘制时可从图形 N 处作投影线来辅助作图，如图 5-9 所示。

⑥ 把图形 N、P 分别绕 Q、R 点顺时针旋转 $32°$，结果如图 5-10 所示。

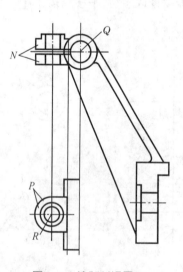
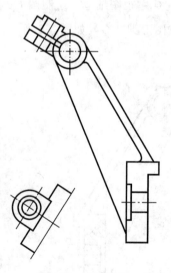

图 5-9　绘制斜视图 P　　　图 5-10　旋转图形

(3) 绘制左视图。

① 从主视图向左视图投影。绘制左视图的对称线 O，再用 "XLINE" 命令 绘制水平辅助线以投影主视图的特征，如图 5-11 所示。

② 单击 "修改" / "平移" 按钮 ，通过平移直线 O 来完成左视图的主要细节特征，如图 5-12 所示。

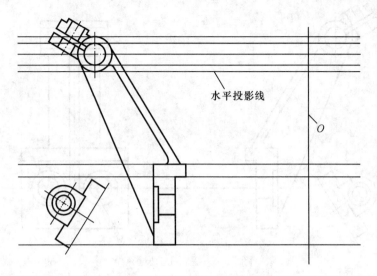

图 5-11　绘制水平投影线

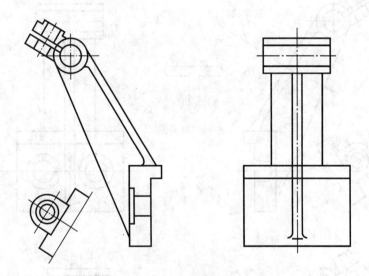

图 5-12　绘制左视图的主要细节特征

③ 从主视图画水平投影线将孔的中心向左视图投影，然后绘制圆 L、M 等，如图 5-13 所示。

（4）绘制剖面图。

单击"绘图"/"直线"按钮，用"LINE"命令在屏幕的适当位置绘制剖面图，再绘制出剖切位置，如图 5-14 所示。

用"ALIGN"命令将剖面图与剖切位置对齐，如图 5-15 所示。

（5）绘制断裂线并填充剖面图案。

用"SPLINE"命令绘制断裂线，删除多余线条，然后填充剖面图案。将剖面图案修改到剖面线层上，再将对称线、圆的中心线等修改到中心线层上，结果如图 5-16 所示。

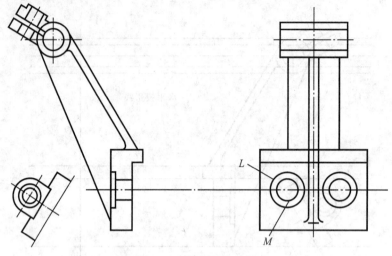

图 5-13　绘制孔的投影

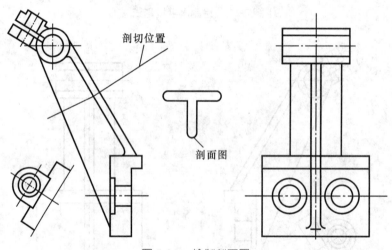

图 5-14　绘制剖面图

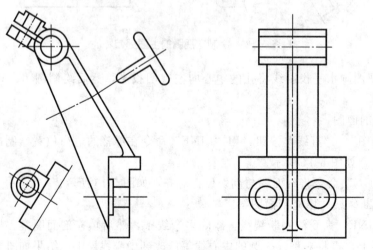

图 5-15　对齐剖面图

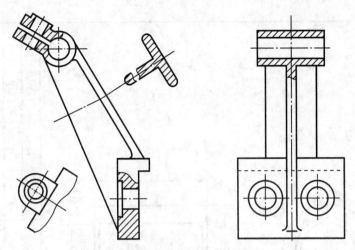

图 5-16 绘制断裂线并填充剖面图案

(6) 标注尺寸。

① 将"标注尺寸"图层设为当前层。

② 单击"标注"/"标注样式"按钮,弹出"尺寸样式管理器"对话框,根据图 5-4 设置所需要的尺寸样式,并保存。

③ 设置常用的对象捕捉方式,并打开"对象捕捉"功能。

④ 使用"标注"工具栏中的各种标注工具进行标注。

⑤ 使用"标注"/"编辑标注文字"按钮,对不适当的尺寸进行修改和编辑。

项目小结

通过本项目的学习,能够手工绘制支架零件图,以及用 AutoCAD 2008 绘制托架的零件图。在这一过程中,要重点掌握叉架类零件图的视图表达方案的特点、尺寸标注及技术要求,掌握阅读和绘制叉架类零件图的方法与技巧。

思考与练习

1. 在图 5-17 中拨叉共用_____个视图表示,俯视图采用了_____剖视,在主视图上方注有"B"的图形是_____视图。

2. 在图 5-17 拨叉上加强肋板的宽度为_____。

3. 在图 5-17 拨叉的加工表面中,要求最光洁的表面粗糙度代号为_____,"其余"表示_____。

4. 用 AutoCAD 2008 绘制图 5-17 所示零件图。

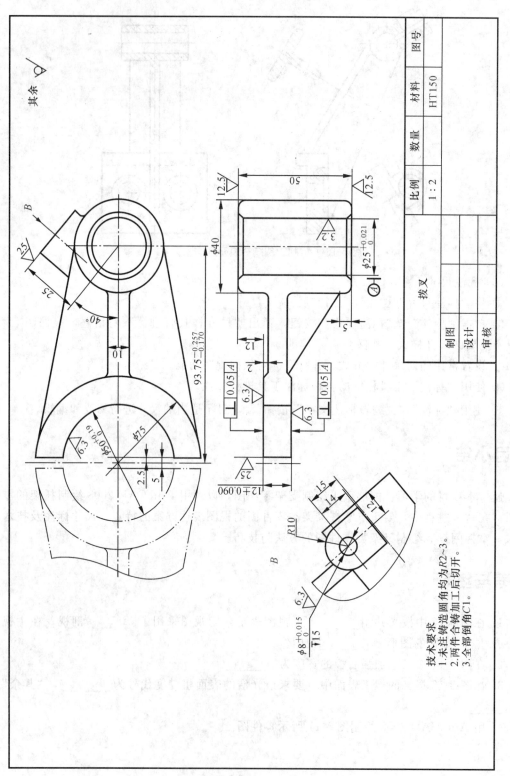

图5-17 拨叉零件图

项目 6

绘制箱体类零件

∧θθθθ⊃

箱体类零件在机器中的作用主要是容纳和支承传动件,又是保护机器中其他零件的外壳,利于安全生产。本项目讨论箱体类零件图的表达方法,并用AutoCAD绘制此类零件图。

∧θθθθ⊃

识读和绘制箱体类零件图。

∧θθθθ⊃

（1）了解箱体类零件的结构特点和功用。

（2）学会正确、清晰、合理地表达箱体类零件的结构形状和大小。

（3）能够正确标注零件的质量指标,并初步看懂。

（4）读懂中等复杂程度的零件图,并能用AutoCAD绘制。

任务 1　绘制箱体

活动情景

箱体类零件的内外形均较复杂，主要结构是由均匀的薄壁围成不同形状的空腔，空腔壁上还有多方向的孔，以达到容纳和支承的作用。另外，箱体类零件具有加强肋、凸台、凹坑、铸造圆角、拔模斜度等常见结构，如图 6-1 所示。阀体、减速器箱体、泵体、阀座等属于箱体类零件，且大多为铸件，一般起支承、容纳、定位和密封等作用，内外形状较为复杂。下面我们通过绘制图 6-2 所示的箱体，来解决如何在图纸上表达箱体类零件。

图 6-1　箱体类零件

任务要求

（1）了解箱体零件图所包含的基本内容。
（2）熟悉箱体类零件的结构特点和技术要求。
（3）掌握绘制箱体类零件的方法。

工作任务

绘制图 6-2 所示座体的零件图。

技能训练

1. 绘图前的工作

（1）识读图形，确定表达方案，拟定作图步骤。
（2）确定绘图比例，选取图幅，固定图纸，画出图框和标题栏。

2. 在 A4 绘图纸上绘制座体零件图底稿

要求均匀布图，作图仔细、准确，图线细、淡、清晰，图面整洁（注意三角板清洁，以及擦图时的图面清洁）。

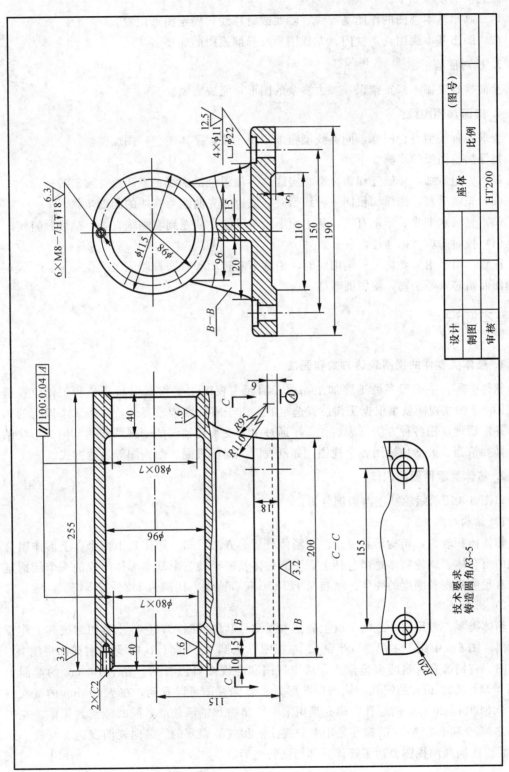

图6-2 座体零件图

画底稿的步骤如下。

（1）画出基本视图的作图基准线、轴线或对称线，确定图形位置。

（2）画出基本视图（主视图、左视图）及局部视图的底稿。

3. 校对底稿

全面检查底稿，修正错误，擦去多余的图形，完成底稿。

4. 描深加粗图线

要求各种线型符合国标，同类线型粗细浓淡一致，字体工整，图面整洁。

描深加粗图线的步骤如下。

（1）先粗后细，一般先加粗全部粗实线，再加深全部虚线、点画线、细实线等。

（2）先曲后直，描深加粗同一种线型时，应遵守先曲线后直线的画图步骤。

（3）先画水平线后画垂直线，从上而下画水平线，从左到右画垂直线，最后画斜线。

（4）校对并填写标题栏。

注意：铅笔用力要均匀；画细线时，铅笔不断转动和修磨；制图工具保持清洁；及时去掉图面铅芯末等杂物，使图面整洁。

1. 箱体类零件的视图表达方式和画法

箱体类零件一般经多种工序加工而成，因而主视图主要根据形状特征和工作位置确定，图6-3的主视图就是根据工作位置选定的。由于零件结构较复杂，常需3个以上的图形，并广泛地应用各种方法来表达。采用通过主要支承孔轴线的剖视图表达其内部形状结构，并要恰当、灵活地运用各个视图，如剖视图、局部视图、断面图等表达方式。

2. 箱体类零件图的识读

以图6-3所示蜗轮减速器为例分析。

1）结构特点

箱体体积较大，结构形状复杂。用形体分析的方法可知，箱体是由两个以上形体组合而成的组合体。蜗轮箱体是由包括上、下圆柱体及底板共三个基本形体组成的一个结构紧凑、有足够强度和刚度的壳体。材料是HT150灰口铸铁，比例为1:2。

2）图形处理

箱体类零件常用两个或两个以上的基本视图和其他视图来表达，主视图常按其工作位置画出。图6-3中用了主视图（半剖）、左视图（全剖）、A向、B向及C向局部视图共5个视图，它们都有各自的表达重点。从主视图和左视图可以看到，在 $\phi210$ mm 的端面上有6个 M8 深 20 mm 的螺孔；从剖视图部分和 B 向视图可以看到，在 $\phi140$ mm 的端面上有3个 M20 深 20 mm 的螺孔，螺孔是用来安装箱盖和轴承盖的，同时能密封箱体。左视图上方 M20 和下方 M14 的螺孔是用来安装注油和放油螺塞的。C 向视图表达了底板下面的形状。A 向局部视图表达了箱体后部加强肋的形状。

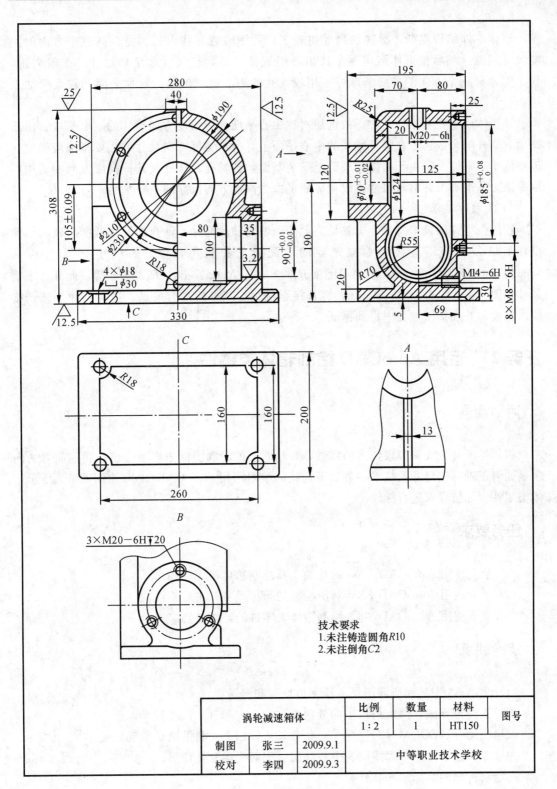

图 6-3 箱体零件图

3) 尺寸分析

箱体零件结构复杂，标注的尺寸也较多，看图时应先找出长、宽、高三个方向的主要尺寸基准，然后按形体结构逐个找出各组成部分的定位尺寸和定形尺寸。一般来讲，长、宽、高三个方向的主要基准可采用较大孔的中心线、轴线、对称平面和较大的加工平面。

该箱体由于左右结构对称，故选用对称中心平面作为长度方向尺寸的主要基准；由于蜗轮、蜗杆啮合区正处在蜗杆轴线的中心平面上，所以宽度方向尺寸的主要基准应确定在该轴线中心平面上；由于箱体的底面是安装基面，各轴孔、螺孔及其他高度方向的结构均以底面为基准加工并测量尺寸，故箱体底平面为高度方向尺寸的主要基准。

4) 看技术要求

箱体类零件的技术要求，主要是支承传动轴的轴孔部分，轴孔的尺寸精度、表面粗糙度和形位公差都将直接影响减速器的装配质量和使用性能。如尺寸 $\phi 90^{+0.01}_{-0.03}$ mm、$\phi 70^{+0.01}_{-0.02}$ mm、$\phi 185^{+0.08}_{0}$ mm，表面粗糙度 $R_a 3.2\ \mu m$、$R_a 12.5\ \mu m$、$R_a 25\ \mu m$ 等。此外，重要尺寸如图 6-3 上的 105 ± 0.09 mm，将直接影响蜗轮蜗杆的啮合关系。这类尺寸必须严格要求精度，并在加工过程中得到保证。

任务 2　运用 AutoCAD 绘制箱体类零件

活动情景

箱体类零件是大家都很熟悉的零件，画出它们的轮廓图已非难事，现在我们面对的问题是如何正确标注尺寸及技术参数。下面我们学习运用 AutoCAD 2008 绘制图 6-4 所示箱体类零件，并按要求进行标注。

任务要求

(1) 学会使用 AutoCAD 2008 的相关工具绘制箱体类零件图。
(2) 学会运用 AutoCAD 2008 对所绘制的箱体类零件进行标注。
(3) 掌握使用 AutoCAD 2008 绘制箱体类零件的绘图技巧。

技能训练

(1) 设置 A4 图纸和所需图层，绘制边框线和标题栏。
① 设置图形界限，两个角点坐标分别为 (0, 0) 和 (297, 210)。
② 输入命令 "ZOOM (Z)" 回车，然后输入 a 回车，将图纸调整到最大。
③ 设置图层。建立轮廓线层、中心线层、剖面线层和标注层。
④ 绘制标题栏，如图 6-4 所示。
(2) 绘制中心线，对三视图进行初步布局。

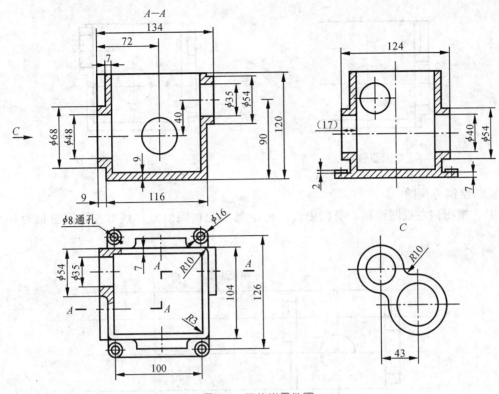

图 6-4 箱体类零件图

打开对象捕捉、极轴追踪及自动追踪功能,设定自动捕捉类型为"端点"、"圆心"及"交点"。

设定"轮廓线"层为当前层。主视图布局。零件的端面线 D 及孔的中心线 A、B 和 C 是主视图的主要作图基准线,单击"绘图"/"直线"按钮 ,绘制如图 6-5 所示的线条。

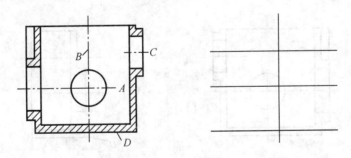

图 6-5 绘制主要基准线

(3) 绘制主视图。

单击"绘图"/"圆"按钮 ,绘制圆 E,再单击"修改"/"平移"按钮 ,平移直线 A、B 以完成图形细节 F,如图 6-6 所示。通过平移直线 C、G 来完成图形细节 H,如图 6-7 所示。

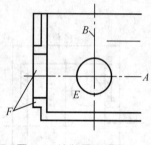
图 6-6　绘制图形细节 F

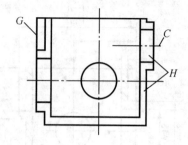
图 6-7　绘制图形细节 H

(4) 绘制左视图。

从主视图向左视图绘制水平投影线，再绘制出左视图的对称线（左视图近似对称），如图 6-8 所示。

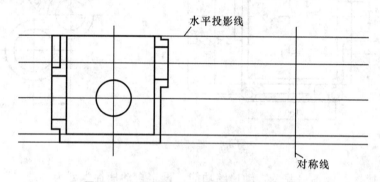
图 6-8　绘制水平投影线及左视图的对称线

以直线 A、B 和 C 作为基准线，单击"修改"/"平移"按钮，通过平移这些线条来完成图形细节 D，单击"修改"/"修剪"按钮，修剪后如图 6-9 所示。

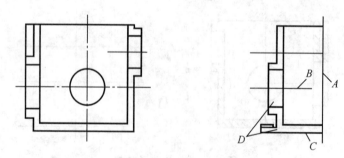
图 6-9　绘制图形细节 D

单击"修改"/"镜像"按钮，将图形 D 镜像，然后绘制圆 E，结果如图 6-10 所示。

(5) 绘制俯视图。

绘制俯视图中孔的轴线 A、B，再从主视图向俯视图作竖直投影线，如图 6-11 所示。

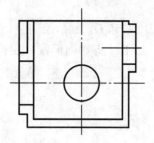 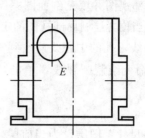

图 6-10 镜像结果

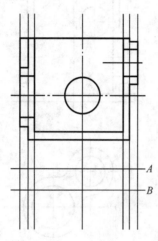 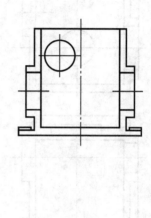

图 6-11 绘制轴线和投影线

单击"修改"/"平移"按钮，平移直线 A、B 以完成图形细节 C，如图 6-12 所示。平移直线 E、F 和 G 以完成细节 H，然后绘制圆，结果如图 6-13 所示。

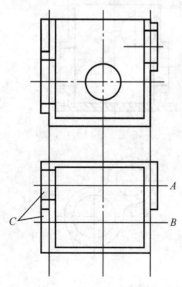 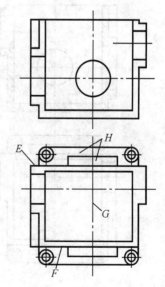

图 6-12 绘制图形细节 C　　　　图 6-13 绘制图形细节 H

(6) 绘制局部视图并填充剖面图案。

在屏幕的适当位置绘制局部视图的定位线 A、B、C 和 D，然后绘制圆，如图 6-14 所示。将图形对称线、孔的中心线修改到"中心线"层上。将"剖面线"层设为当前层，再用"SPLINE"命令绘制断裂线，单击"修改"／"填充"按钮，填充剖面图案，结果如图 6-15 所示。

(7) 标注尺寸。

① 将"标注尺寸"图层设为当前层。

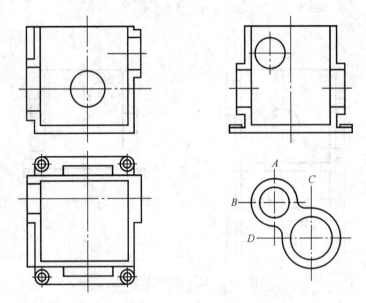

图 6-14　绘制局部视图

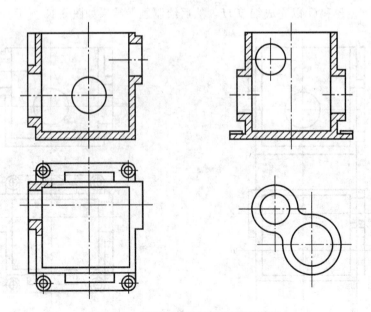

图 6-15　绘制断裂线及填充剖面图案

②单击"标注"/"标注样式"按钮,弹出"尺寸样式管理器"对话框,根据图 6-4 设置所需要的尺寸样式,并保存。

③设置常用的对象捕捉方式,并打开"对象捕捉"功能。

④使用"标注"工具栏中的各种标注工具进行标注。

⑤使用"标注"/"编辑标注文字"按钮,对不适当的尺寸进行修改和编辑。

项目小结

通过本项目的学习,能够了解箱体类零件的结构特点及其功用;学会如何运用所学知识,正确选择箱体类零件的表达方式、画法及对零件质量指标的正确标注;掌握正确分析箱体类零件的结构特点及初步看懂、读懂中等复杂程度零件图的方法,并能用 AutoCAD 绘制简单的箱体类零件图。对于初学者来说,本项目的难点在于箱体类零件表达方案的选择、尺寸标注、技术要求等方面,所以在这些方面需要逐步学习和提高。

思考与练习

1. 什么是零件表面粗糙度,有何实际意义?
2. 箱体类零件的结构特点及功用是什么?
3. 箱体类零件的主视图应按什么原则确定投射方向?
4. 箱体类零件的视图表达主要应遵循什么原则?举例说明如何进行综合分析。
5. 绘制箱体类零件的作图步骤有哪些?

项目 7

手工绘制装配图

∧☉☉☉☉。

本项目通过完成机用平口钳装配图的绘制任务,加强对装配图和装配工艺的认识。

∧☉☉☉☉。

(1)掌握拆卸装配体的方法和步骤。

(2)掌握零件及装配图草图的画法。

(3)掌握组成装配体的部件零件图的表达方法。

(4)掌握装配图表达方案的确定、明细栏的画法、装配图的内容及表达方式。

【能力目标】

(1)能正确拆卸装配体并测绘各零件。

(2)能根据测绘数据绘制标准零件图,并进行尺寸标注。

(3)能根据测绘数据,绘制机用平口钳装配工作图,并进行尺寸标注。

(4)能分析装配体的用途、工作原理、结构特点、各零件之间的装配关系及拆装顺序。

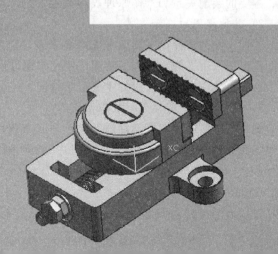

任务 在A3图纸上绘制机用平口钳装配图

活动情景

请根据实物机用平口钳进行拆卸、测绘，查阅相关资料，绘制其装配工作图。

任务要求

如图7-1所示，通过完成本任务，读者能够合理运用绘图工具绘制出符合机械制图标准的平口钳装配图，能够读懂常见的装配图纸，并分析装配体的零件组成。

技能训练

1. 阅读零件图，了解装配体

画装配图前应依次阅读零件图，弄清各零件的结构形状，并结合有关资料及装配体的实物、轴测图或装配示意图，了解装配体的用途、工作原理、结构特点、各零件之间的装配关系及拆装顺序。

机用平口钳是机床上常用的装夹部件，从图7-2可知，机用平口钳通常装在机床工作台上，通过钳身上的孔与机床工作台相连。利用扳手转动螺杆，从而带动螺母块作直线运动，进而推动活动钳身夹紧、松开工件。

由图7-2所示装配示意图可知，螺杆通过垫圈1、2，环及销与固定钳座连接，螺母块套在螺杆上与活动钳身利用螺钉连接，两钳口板用螺钉分别与固定钳座及活动钳身连接。

2. 确定表达方案

1）主视图的选择

主视图的投影方向应能反映部件的工作位置和总体结构特征，同时能集中反映部件的主要装配关系和工作原理。机用平口钳座体水平放置，主视图通过螺杆轴线作全剖视图，并在轴一端作局部剖视图，如图7-1所示。为了反映机用平口钳的主要功能，活动钳身采用了假想画法，用双点画线将活动钳身最大活动位置画出，这样就把各零件间的相互位置、主要的装配关系和工作原理表达清楚了。

2）其他视图的选择

其他视图的选择，主要应考虑对尚未表达清楚的装配关系及零件等加以补充。图7-1中的左视图采用半剖，是为了将固定钳座与螺母块等其他零件的安装情况表达更清楚。同时，为了更清楚表达平口钳的主要形状特征，还画出了俯视图及一个局部视图。

3）确定比例、图幅，合理布图

画装配图前，应根据部件结构大小、复杂程度及其确定的表达方案，确定绘图比例、图幅，此外还要考虑为尺寸标注、零件序号、明细栏及技术要求等留出位置，使布局合理。

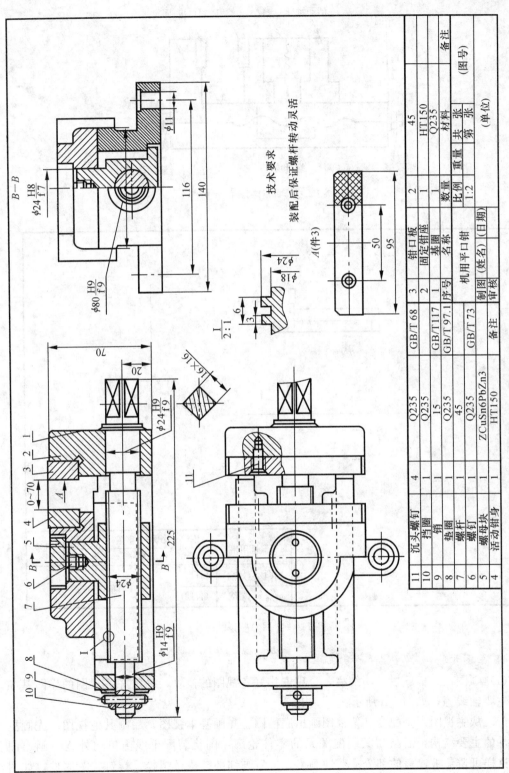

图7-1 机用平口钳装配图

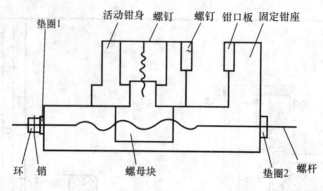

图 7-2 机用平口钳装配示意图

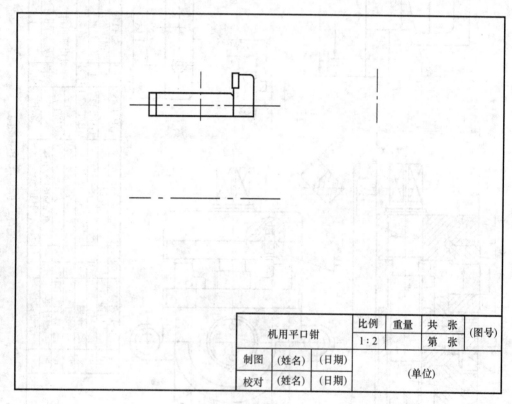

图 7-3 合理分配图面

4) 画图步骤

(1) 画图框、标题栏、明细栏，合理安排好各视图的位置，确定好各视图的作图基准线和主要轴线等，如图 7-3 所示。

(2) 从主视图入手配合其他视图画出底稿图。先画基本视图，后画其他视图；先画主体零件的主要结构，后画与其装配关系的零件轮廓，围绕装配干线由里向外逐一画出图形，这样可避免被遮盖的部分徒劳地画出，最后画细部结构及螺栓、螺钉等紧固件，如图 7-4 和图 7-5 所示。

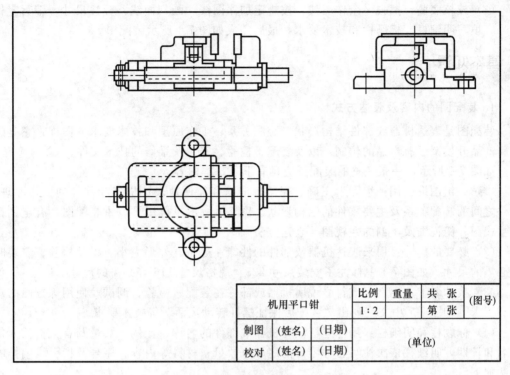

图 7-4 绘底稿

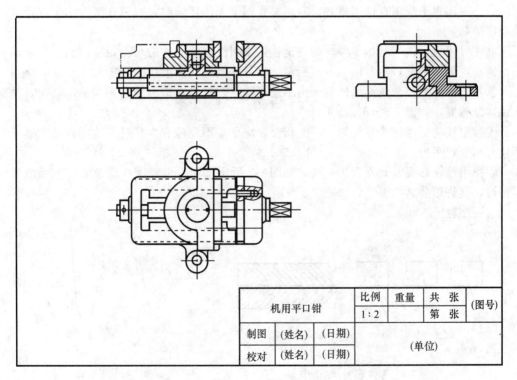

图 7-5 画细节结构

（3）校核底稿，擦去多余作图线，按规定加深图线，画剖面线，标注尺寸，编写零件序号，填写明细栏、标题栏和技术要求，最后完成如图 7-1 所示装配图。

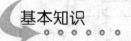

1. 装配图的内容及表达方式

装配图是表达机器或部件结构形状、装配关系、工作原理和技术要求的图样，它是进行新产品开发、已有产品的仿制，以及装配、检验、安装及维修的技术文件。

如图 7-1 所示，一张完整的装配图应具有下列基本内容。

（1）一组图形：用一组图形正确、完整、清晰和简便地表达机器和部件的工作原理、零件之间的装配关系及主要零件的结构形状。图 7-1 所示是机用平口钳装配图，有全剖视的主视图、俯视图及半剖的左视图等表达方法。

（2）必要的尺寸：用来表达机器或部件的性能、规格、外形大小，以及检验、安装时所必需的尺寸。如图 7-1 中标注了安装尺寸 225、规格尺寸 116 等必需的尺寸。

（3）技术要求：用文字或符号说明机器或部件在装配、检验、调试及使用等方面的规则和要求。如图 7-1 中文字列出"装配后保证螺杆转动灵活"等技术要求。

（4）标题栏和明细栏：用标题栏注写机器或部件的名称、比例、数量及有关责任人的签名和日期，明细栏依次注写各种零件的序号、数量、材料等内容。序号及指引线编排的方法如下。

①相同零件只编一个序号。序号应写在视图外明显的位置上，采用顺时针或逆时针方向按大小顺序水平或垂直排列整齐，若在整张图上无法连续时，可只在每个水平或垂直方向顺序排列。

②序号用指引线与所指零件、部件连接，指引线应从零件的可见轮廓内引出，末端画一小圆点，如图 7-6（a）、(b)、(c) 所示。序号字高应比图上尺寸数字大一号或两号。

③若所指部分很薄或涂黑的剖面内不便画圆点，则可在指引线的末端标出箭头，并指向该部分轮廓，如图 7-6（d）所示。

④指引线应尽可能排布均匀，不能相交，应尽量不穿过或少穿过其他零件的轮廓，且不应与剖面线平行。

⑤指引线在必要时允许弯折一次，如图 7-7 所示。同一组紧固件以及装配关系清楚的零件组，允许用公共指引线，如图 7-8 所示。

⑥明细栏。

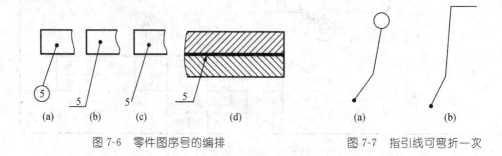

图 7-6　零件图序号的编排　　　　　　图 7-7　指引线可弯折一次

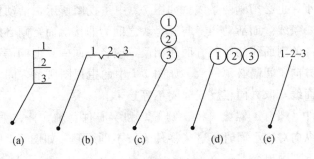

图 7-8 零件组可用公共指引线

装配图的明细栏是机器或部件中全部零件的详细目录,画图时,推荐采用项目 1 所示的装配图标题栏和明细栏格式。明细栏画在标题栏的上方并对齐,当明细栏的位置不够用时,可续接在标题栏的左方。明细栏外框竖线为粗实线,内部分格线均用细实线绘制。明细栏应按编号顺序自下而上地进行填写。图 7-9 所示为练习用明细栏的形式。

序号	零件名称	数量	材料		备注
		比例	重量	共 张	
(图名)				第 张	(图号)
制图	(日期)	(校名)			
校核	(日期)				

图 7-9 明细栏

从图 7-1 中可知,装配体的名称为机用平口钳,它由 11 种零件组成。机用平口钳拆卸立体图如图 7-10 所示。

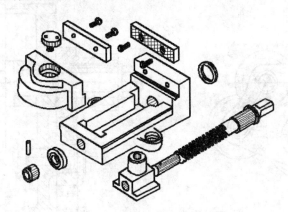

图 7-10 机用平口钳拆卸立体图

2. 装配图的画法

1) 规定画法

(1) 两相邻零件的接触面和配合面规定只画一条线,但当相邻两零件的基本尺寸不相同时,即使间隙很小,也必须画两条线。如图 7-1 中主视图所示,活动钳身与固定钳座的接触面之间,只画一条线。而活动钳身与螺母块之间为非接触面,则必须画两条线。

(2) 相邻两零件的剖面线的倾斜方面应相反,或者方向一致但间隔不等。同一零件在各视图上的剖面线方向、间隔必须一致。如图 7-1 中的主视图所示,固定钳座与活动钳身及螺母块三者的剖面线,取方向相反或间隔不等。

(3) 对于标准件(螺钉、螺栓、销、键等)和实心件(轴、杆、手柄、球等)零件,当剖切平面通过其纵向对称平面时,这些零件均按不剖绘制。如图 7-1 所示主视图,其中的螺钉、螺杆等按不剖画出。

2) 特殊画法

(1) 拆卸画法。

在装配图中,当某一个或几个零件遮住了需要表达的其他结构,而它(们)在其他视图中又已表达清楚时,可假想将其拆去,只画出所要表达的部分。为了便于看图,应在所画视图上方加注"拆去××等"。

(2) 假想画法。

①为了表达运动零件的运动范围和极限位置,可用双点画线画出该零件在极限位置上的外形轮廓,如图 7-11 所示手柄的极限位置画法。

②在装配图中,当需要表达与相邻部件的装配关系时,可用双点画线假想画出该零件或部件的轮廓线,如图 7-11 所示与齿轮相连接的主轴箱画法。

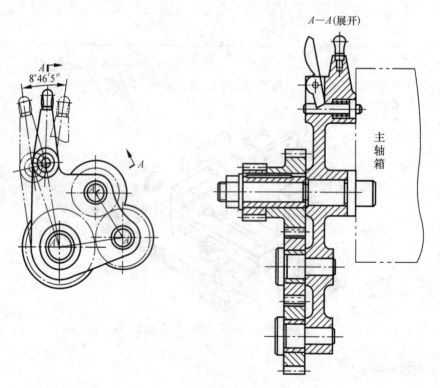

图 7-11 三星齿轮传动机构的展开图

(3) 简化画法。

①装配图中零件的工艺结构,如小圆角、倒角、退刀槽等可不画出,螺钉头部和螺母均可采用简化画法,如图7-12所示。

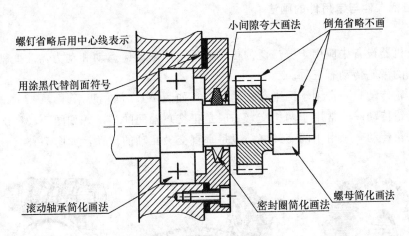

图7-12 装配图中的简化画法

②装配图中的滚动轴承允许采用简化画法表示,如图7-12所示圆锥滚子轴承。

③对于装配图中螺栓连接等若干相同零件组,允许只画出一处,其余用细点画线表示出中心位置即可,如图7-12所示螺钉画法。

④展开画法:为了表示传动机构的传递顺序和装配关系,避免各传动件的投影相互重叠,可假想顺着传递顺序并通过轴线将部件剖开,再依次按顺序展开画在同一平面上得到剖视图,这种画法称为展开画法,如图7-11所示左视图即为车床上三星齿轮传动机构的展开图。

3. 装配图的尺寸标注

由于装配图的作用和零件图不同,所以在装配图上标注尺寸时,通常只标注以下几类尺寸。

(1) 性能尺寸(规格尺寸):表示机器或部件的性能、规格和特征的尺寸,是了解和选用机器和部件时的依据,如图7-1所示$\phi 80H9/f9$。

(2) 装配尺寸:表示机器或部件中零件之间配合关系的尺寸,包括配合尺寸和相对位置尺寸。

①配合尺寸:表示两个零件间配合性质的尺寸,是装配时确定零件尺寸偏差的依据,如图7-1所示$\phi 14H9/f9$和$\phi 24H9/f9$等。

②相对位置尺寸:表示装配机器时保证零件间重要的相对位置的尺寸,也是装配、调整时所需要的尺寸,如图7-1所示0~70等。

(3) 安装尺寸:表示将机器或部件安装在地基上或与其他部件相连接时所需要的尺寸,如图7-1所示固定钳座上两孔中心距尺寸116。

(4) 外形尺寸:即机器或部件的总长、总宽、总高,它反映了机器或部件的大小,是机器或部件在包装、运输和安装过程中确定其所占空间大小的依据,如图7-1所示225、70等。

(5) 其他重要尺寸：如表示运动件活动范围的尺寸等，如图 7-11 中的 $8°46'5''$。

上述各类尺寸，在每张装配图上并非一一俱全，有时一个尺寸兼有几种含义，这就需要根据具体情况而定。

4. 常见标准件与常用件的画法

1) 齿轮

齿轮是机器设备中应用十分广泛的传动零件，用来传递运动和动力，改变轴的旋向和转速。常见的齿轮传动有三种。

圆柱齿轮传动——常用于两平行轴的传动，如图 7-13（a）所示。

圆锥齿轮传动——常用于两相交（一般是正交）轴间的传动，如图 7-13（b）所示。

蜗杆蜗轮传动——用于两交叉（一般是垂直交叉）轴的传动，如图 7-13（c）所示。

(a)圆柱齿轮　　　　　(b)圆锥齿轮　　　　　(c)蜗杆和蜗轮

图 7-13　齿轮传动

圆柱齿轮分为直齿圆柱齿轮（如图 7-14（a）所示）、斜齿圆柱齿轮（如图 7-14（b）所示）和人字齿轮（如图 7-14（c）所示）。

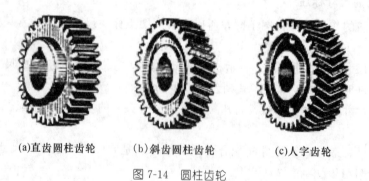

(a)直齿圆柱齿轮　　　(b)斜齿圆柱齿轮　　　(c)人字齿轮

图 7-14　圆柱齿轮

①直齿圆柱齿轮的主参数。

在一个齿轮上，齿数、压力角和模数是几何尺寸计算的主要参数。

■ 齿数 z。

一个齿轮的轮齿数目即齿数，是齿轮的最基本参数之一。当模数一定时，齿数越多，齿轮的几何尺寸越大，轮齿渐开线的曲率半径也越大，齿廓曲线越趋于平直。

- 压力角 α。

压力角是齿轮运动方向与受力方向所夹的锐角。通常所说的压力角是指分度圆上的压力角。压力角不同，轮齿的形状也不同。压力角已标准化，我国规定标准压力角是 20°。

- 模数 m。

模数直接影响轮齿的大小、齿形和强度的大小。对于相同齿数的齿轮，模数越大，齿轮的几何尺寸越大，轮齿也越大，承载能力也越大，如图 7-15 所示。

图 7-15 齿轮的模数

国家规定了标准模数系列，参见 GB/T 1357—2008。

② 标准直齿圆柱齿轮各部分名称如图 7-16 所示。

- 齿数 z——齿轮上轮齿的个数。
- 齿顶圆直径 d_a——通过轮齿顶部的圆周直径。
- 齿根圆直径 d_f——通过轮齿根部的圆周直径。
- 分度圆直径 d——对标准齿轮来说，为齿厚（s）等于齿槽宽（e）处的圆周直径。
- 齿高 h——分度圆把轮齿分成两部分，自分度圆到齿顶圆的距离，称为齿顶高，用 h_a 表示；自分度圆到齿根圆的距离，称为齿根高，用 h_f 表示。齿顶高与齿根高之和即全齿高，用 h 表示（$h = h_a + h_f$）。

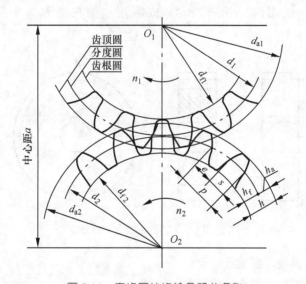

图 7-16 直齿圆柱齿轮各部分名称

- 齿距 p——在分度圆上，相邻两齿对应齿廓之间的弧长。

齿距（p）与齿厚（s）、齿槽宽（e）有如下关系：
$$p = s + e$$

- 模数 m——由于分度圆的周长 $\pi d = pz$，所以 $m = d/z$ 就称为齿轮的模数。
- 中心距 a——两啮合齿轮轴线之间的距离。

③标准直齿圆柱齿轮的计算公式如表 7-1 所示。

表 7-1 标准直齿圆柱齿轮的计算公式

名　称	符　号	公　式
模数	m	由强度计算决定，并选用标准模数
齿数	z	由传动比 $i_{12}=\omega_1/\omega_2=z_2/z_1$
分度圆直径	d	$d=mz$
齿顶圆直径	d_a	$d_a=d+2h_a=m(z+2)$
齿根圆直径	d_f	$d_f=d+2h_f=m(z-2.5)$
齿顶高	h_a	$h_a=m$
齿根高	h_f	$h_f=1.25m$
全齿高	h	$h=h_a+h_f=2.25m$
中心距	a	$a=m(z_1+z_2)/2$
齿距	p	$p=\pi m$

④圆柱齿轮的画法规定。

■ 单个齿轮一般用两个视图表示，或者用一个视图和一个局部视图表示，如图 7-17 所示。

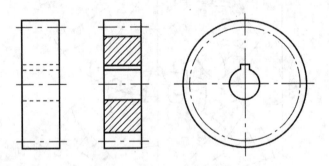

图 7-17　单个圆柱齿轮的画法

■ 齿顶圆和齿顶线用粗实线绘制。
■ 分度圆和分度线用细点画线绘制。
■ 齿根圆和齿根线用细实线绘制，也可省略不画；在剖视图中，齿根线用粗实线绘制（如图 7-17 所示）。
■ 在剖视图中，当剖切平面通过齿轮的轴线时，齿轮一律按不剖处理。
■ 当需要表示齿线的特征时，可用三条与齿线方向一致的细实线表示，直齿则不需表示。

⑤圆柱齿轮啮合的画法。

- 画啮合图时，一般可采用两个视图，在垂直于圆柱齿轮轴线的投影面的视图中，啮合区内的齿顶圆均用粗实线绘制，节圆（两标准齿轮相互啮合时，分度圆处于相切的位置，此时分度圆又称为节圆）相切，如图 7-18（a）所示；也可用省略画法，如图 7-18（b）所示。
- 在圆柱齿轮啮合的剖视图中，当剖切平面通过两啮合齿轮的轴线时，在啮合区内，将一个齿轮的轮齿用粗实线绘制，另一个齿轮的轮齿被遮挡的部分用虚线绘制，如图 7-18 所示；也可省略不画被遮挡的轮齿。

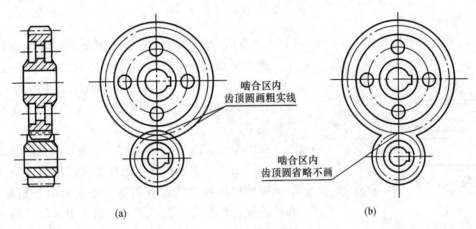

图 7-18　圆柱齿轮啮合的画法（1）

- 在平行于圆柱齿轮轴线的投影面的视图中，啮合区的齿顶线不需画出，分度圆相切处用粗实线绘制；其他处的节线仍用细点画线绘制，如图 7-19 所示。

2）键连接

键主要用于轴和轴上的零件（如带轮、齿轮等）之间的连接，起着传递扭矩的作用。如图 7-20 所示，将键嵌入轴上的键槽中，再将带有键的轴装在齿轮上，当轴转动时，因为键的存在，齿轮就与轴同步转动，达到传递动力的目的。

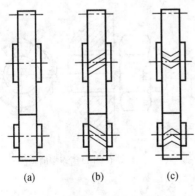

图 7-19　圆柱齿轮啮合的画法（2）

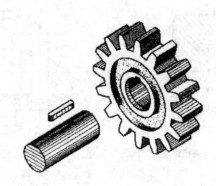

图 7-20　键连接

键是标准件，键的种类很多，常用的有普通平键、半圆键和钩头楔键三种，其中普通平键最为常用（见图7-21）。

(a)普通平键　　　(b)半圆键　　　(c)钩头楔键

图7-21　常用的几种键

普通平键的公称尺寸为 $b×h$（键宽×键高），可根据轴的直径在相应的标准中查得。

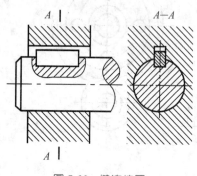

图7-22　键连接图

普通平键的规定标记为键宽 b × 键长 L。例如，$b=18$ mm，$h=11$ mm，$L=100$ mm 的圆头普通 A 型平键，应标记为 GB/T 1096 键 18×11×100（A 型可不标出 A）。

在图7-22所示的键连接图中，键的两侧面是工作面，接触面的投影处只画一条轮廓线；键的顶面与轮毂上键槽的顶面之间留有间隙，必须画两条轮廓线；在反映键长度方向的剖视图中，轴采用局部剖视，键按不剖视处理。在键连接图中，键的倒角或小圆角一般省略不画。

3）销连接

销主要用来固定零件之间的相对位置，起定位作用，也可用于轴与轮毂的连接，传递不大的载荷，还可作为安全装置中的过载剪断元件。常见的有圆柱销、圆锥销和开口销等，它们都是标准件。圆柱销和圆锥销可以连接零件，也可以起定位作用，如图7-23（a）、（b）所示。开口销常用在螺纹连接的装置中，以防止螺母松动，如图7-23（c）所示。

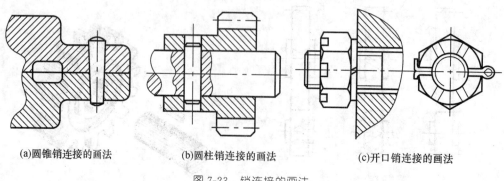

(a)圆锥销连接的画法　　　(b)圆柱销连接的画法　　　(c)开口销连接的画法

图7-23　销连接的画法

4）滚动轴承

滚动轴承是用来支承轴的组件，由于它具有摩擦阻力小、结构紧凑等优点，在机器中得到广泛应用。滚动轴承的结构形式和尺寸均已标准化，由专门的工厂生产，使用时可根据设计要求进行选择。

(1) 滚动轴承的构造与种类。

滚动轴承一般由外圈、内圈、滚动体和保持架组成，如图7-24所示。

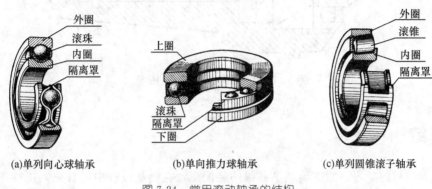

图7-24　常用滚动轴承的结构

按承受载荷的方向，滚动轴承可分为以下三类。

① 主要承受径向载荷，如图7-24（a）所示的单列向心球轴承。

② 主要承受轴向载荷，如图7-24（b）所示的单向推力球轴承。

③ 主要承受径向载荷和轴向载荷，如图7-24（c）所示的圆锥滚子轴承。

(2) 滚动轴承的画法。

在装配图中滚动轴承的轮廓按外径 D、内径 d、宽度 B 等实际尺寸绘制，其余部分用简化画法或用示意画法绘制。在同一图样中，一般只采用其中的一种画法。常用滚动轴承的画法，如图7-25所示。图7-26所示为装配图中滚动轴承的画法。

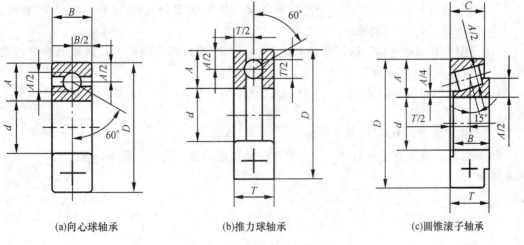

图7-25　常用滚动轴承的画法

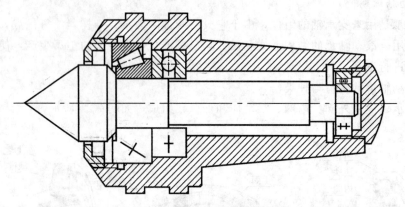

图 7-26　装配图中滚动轴承的画法

项目小结

通过本项目的学习，能够绘制平品钳的装配图。在绘制过程中，首先，能够学到装配图的功用、内容，装配图的规定画法、特殊画法，以及如何确定装配体的视图表达方案，怎样对装配体中的零件编号、注写标题栏等；其次，在绘制平口钳的过程中，能够了解平口钳的功用和构造，掌握识读装配示意图的技能，学会尺寸公差与配合、装配工艺结构知识，了解常用标准件的画法和用途；最后，在绘制装配图的过程中，能够对装配体的测绘和拆画零件图有一个大体的认识。

思考与练习

阅读图 7-1，回答下列问题。

1. 这个装配体的名称是_____，共由_____种零件组成。
2. 这张装配图共由_____个图形组成，基本视图分别采用了_____剖视、_____剖视和_____剖视。
3. 图中注有"16×16"的剖面是表达了_____零件的右端形状，其断面各对边之间的距离均为_____mm。
4. 7 号件的螺纹牙型是_____型，大径为_____mm，该零件的右端是_____配合。
5. 图中 7 号件、10 号件与 9 号件是_____连接。
6. 4 号件活动钳身是依靠_____号件带动它运动的，它与 5 号件是通过_____号件来固定的。

项目 8

电脑绘制装配图

∧⊖⊖⊖⊖ゝ

绘制装配图是机械制图中难度最大的一个项目，但如果能用AutoCAD代替手工，特别是将装配图中的各零件画好，并各自创建成文件或图块，然后在绘制装配图时采用块插入的方法组合到装配图中，可提高绘制装配图的效率。

∧⊖⊖⊖⊖ゝ

用AutoCAD绘制装配图。

∧⊖⊖⊖⊖ゝ

（1）学会综合运用所学知识，掌握AutoCAD绘图能力，正确、清晰、合理地表达装配图。

（2）能够正确标注尺寸、绘制标题栏和明细栏。

任务　运用 AutoCAD 绘制装配图

任务要求

绘制简单的装配图。

技能训练

1. 创建文档

启动 AutoCAD 2008，创建一个新的文档。

2. 设置图层

在主菜单中选择"格式"/"图层"命令，或选择图层工具栏按钮，弹出"图层特性管理器"对话框，根据需要创建相应的图层，具体操作略。

3. 绘制装配图各个组成零件

图 8-1 (a)、(b)、(c)、(d) 分别是用 AutoCAD 2008 绘制的滑动轴承座，轴承盖，上、下轴瓦的零件图，螺栓、螺母和油杯等已做成了公用图块，可按后述步骤拼画滑动轴承装配图。

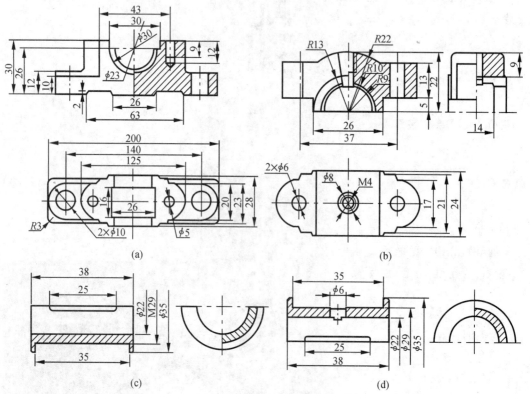

图 8-1　绘制轴承座各零件图

4. 创建图块

分别将图 8-1 所示的滑动轴承座、轴承盖，上、下轴瓦的零件图创建成图块 A、B、C、D，如图 8-2～图 8-5 所示。

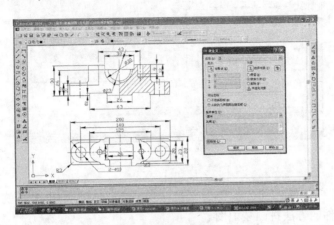

图 8-2 滑动轴承座块

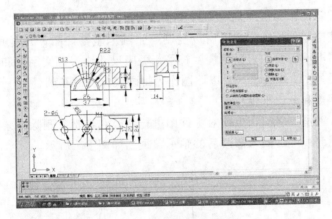

图 8-3 轴承盖块

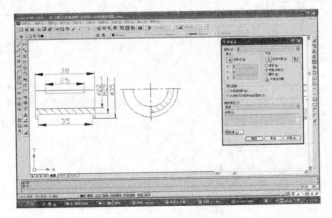

图 8-4 下轴瓦块

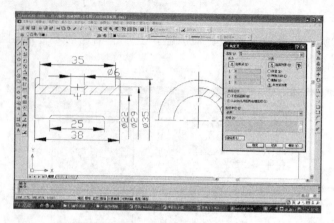

图 8-5　上轴瓦块

当机器（或部件）的大部分零件图已由 AutoCAD 2008 绘出时，就可以采用 AutoCAD 插入图形文件的方法拼画装配图。

5. 拼画装配图

（1）选择基础零件作为拼画装配图的基础。

滑动轴承的基础零件是轴承座，所以复制一张轴承座零件图，并对其进行编辑修改。例如，删除装配图上不需要的表面粗糙度符号，关闭尺寸线层、文字层和剖面线层等。修改后的轴承座视图如图 8-6 所示，并以此图作为拼画装配图的基础。

（2）插入轴承盖和上、下轴瓦。

同样，在插入轴承盖之前，也需对零件图进行修改和编辑，删除多余的尺寸标注、表面粗糙度符号、剖面线等，插入修改后的轴承盖视图如图 8-7 所示。

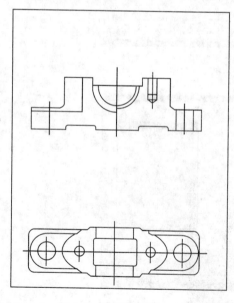

图 8-6　绘制装配图（1）

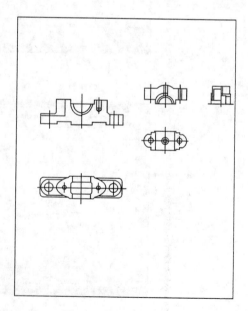

图 8-7　绘制装配图（2）

再选择可用部分插入到基础图的相应视图中，如图 8-8 所示。

最后删除多余的图线，调整轴承盖左视图至相应位置，如图 8-9 所示。

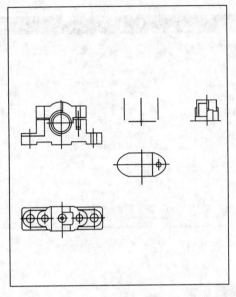

图 8-8　绘制装配图 (3)　　　　　图 8-9　绘制装配图 (4)

(3) 补画轴承座左视图，插入螺栓、螺母、油杯等。

补画轴承座左视图；按相同比例插入螺栓、螺母等标准件图块，并对被遮挡部分进行消隐或修剪、擦除等操作，如图 8-10 所示。

(4) 对零件进行编号。

在绘图过程中经常可以利用"引线"命令对图形加以注释或标记，内容可以为多行文字、形位公差、块等。在 AutoCAD 2008 中，"引线"命令常用于形位公差的标注。

在命令行中键入"QLEADER"，命令行提示：

命令：_ qleader

指定第一个引线点或 [设置 (S)] <设置>：

在命令行输入 S 后弹出"引线设置"对话框，在"注释"选项卡中"注释类型"一栏选择无(O)复选按钮，如图 8-11 所示。

如图 8-12 所示，在"引线和箭头"选项卡中"引线"一栏选择直线(S)复选按钮；在"箭头"一栏中点击右侧的下拉菜单，弹出如图 8-13 所示的下拉菜单，选择"点"选项；在"角度约束"一栏"第一段"选择"任意角度"；"第二段"选择"水平"，设置完成后点击"确定"按钮回到绘图状态，在图中的相应位置"指定第一个引线点"和"指定下一点"，再"指定下一点"，即可完成引线的绘制。

(5) 整理视图、标注尺寸，绘制并填写明细栏等。

整理视图时可绘制出剖面线及其他细小结构等，标题栏和明细栏可以做到样板图中，这样将更便于装配图的绘制。检查全图并修改，保证视图正确，如图 8-14 所示。

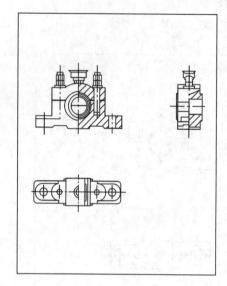

图 8-10 绘制装配图（5）

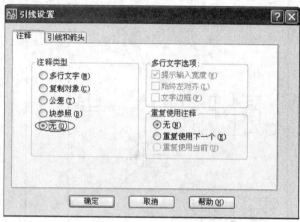

图 8-11 "注释"选项卡设置

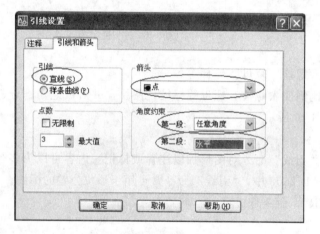

图 8-12 "引线和箭头"选项卡

图 8-13 "箭头"下拉菜单

注意：在拼画装配图时，每插入一个零件后都要及时进行适当的编辑和修改，不要等把所有的零件都插入后再修改，否则由于图线太多，修改将变得非常困难。

项目小结

运用 AutoCAD 2008 绘制装配图，是先将装配图中的各零件画好，并各自创建成文件或图块，然后在绘制装配图时采用块插入的方法组合到装配图中，可提高绘制装配图的效率。

装配图中的各零件绘制后，在拼画装配图时，每插入一个零件都要作适当的编辑和修改，不要把所有的零件都插入后再修改，这样由于图线太多，修改将变得非常困难。

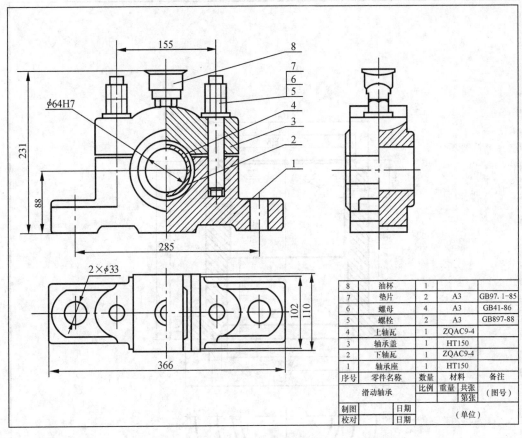

图 8-14 完成的装配图

绘制装配图时要表达清楚装配体的装配关系，以及所有零件的主要形状，并作出合适的剖视图，完整标注装配体的有关尺寸，绘制并填写明细栏。

思考与练习

1. 简述运用 AutoCAD 2008 由已知的零件图拼画装配图的方法和步骤。
2. 由给出的零件图（见图 8-15~图 8-19）拼画装配图。要求：
（1）表达清楚装配体的装配关系；
（2）表达出所有零件的主要形状；
（3）作合适的剖视；
（4）标注装配体的有关尺寸，并填写明细栏。

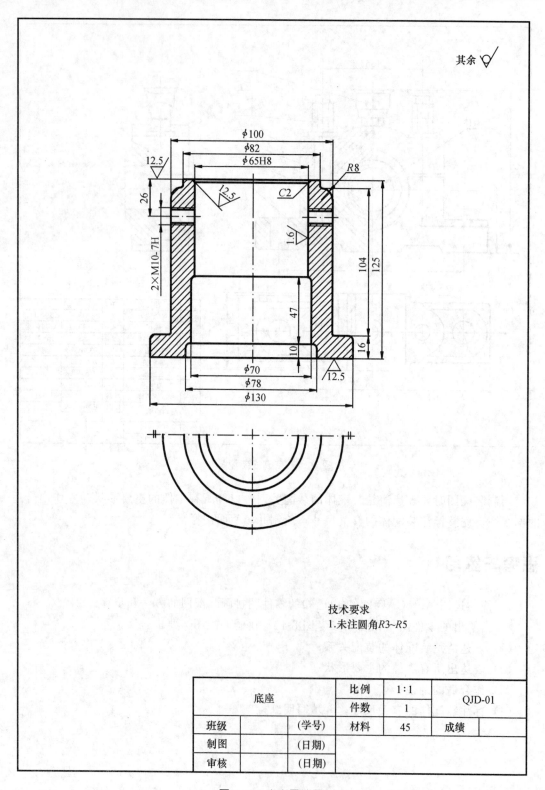

图 8-15 底座零件图

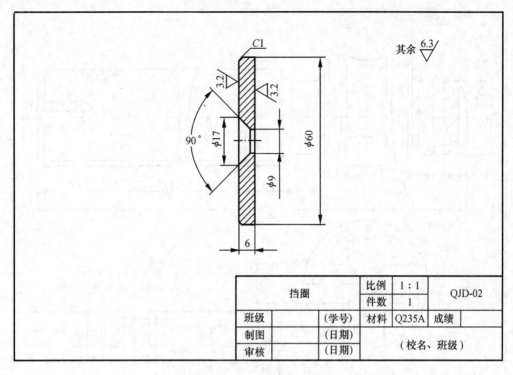

图 8-16 挡圈零件图

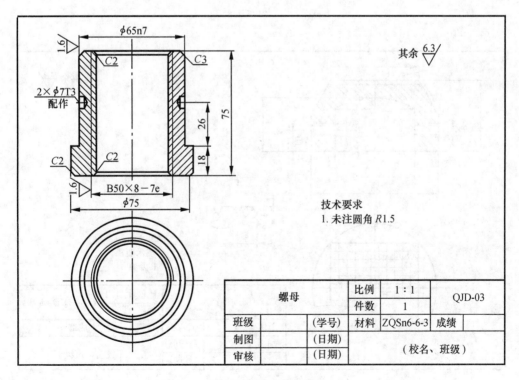

图 8-17 螺母零件图

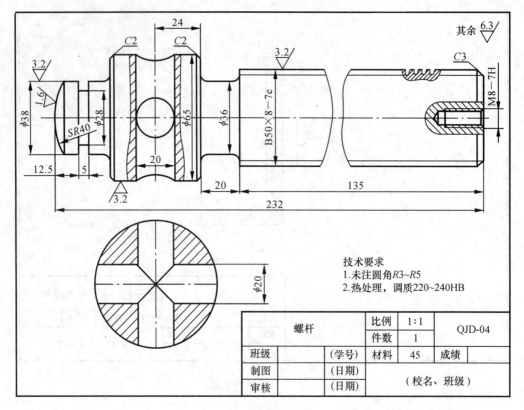

图 8-18　螺杆零件图

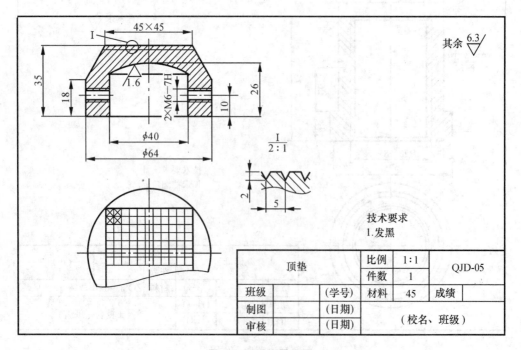

图 8-19　顶垫零件图

项目 9

技能竞赛图样识读训练

∧⊖⊖⊖⊃

　　阅读一组数控竞赛的零件，对所学知识进行一次应用实践。

∧⊖⊖⊖⊃

　　回顾和巩固课程知识，提高熟练识读零件图的能力，拓宽对机械零部件的认识。

∧⊖⊖⊖⊃

　　提高熟练识读零件图的能力，拓宽机械零部件的认识。

任务1　读车工竞赛零件图

车工竞赛的零件比普通车工加工出来的零件结构复杂，具有一些不常见的形状特征和较高的形状与位置公差。图 9-1 和图 9-2 所示为 2009 年广东省中职学校技能大赛车工选拔赛的试题，要求图 9-1 中的轴和图 9-2 中的轴套加工出来能够旋合相配。

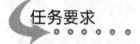

阅读车工竞赛的零件。

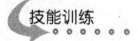

1. 轴零件图

图 9-1 所示是轴零件图。

（1）浏览全图，知其概貌。

该零件为轴类零件，较短，主体结构为梯形螺纹和莫氏锥度，分布于轴的两端，材料为 45 号钢，最大直径 $\phi38$，总长 106 等。

（2）分析表达方案，读出零件形体结构。

由两个视图组成表达方案，主视图表达主体结构，局部放大图表示梯牙螺纹的牙型，并且标注了有关尺寸。

（3）尺寸基准。

读图可知，径向尺寸基准是此轴的整体轴线，轴向尺寸基准是螺杆的右端面。

（4）技术要求。

表面粗糙度要求最高的是凸台的表面、莫氏 3 号锥的锥面、中心孔、梯形螺纹侧面，R_a 值为 1.6；其次是退刀槽，R_a 值为 6.3；其余 R_a 值为 3.2。尺寸公差 $\phi38$ 的外径上偏差为 -0.009，下偏差为 -0.025；总长度 106 上下偏差都为 0.08；梯牙螺纹公差为 $7h$；形位公差有螺纹外径与凸台外圆的圆跳动，为 0.02。

2. 轴套零件图

与轴相匹配的零件是轴套，图 9-2 所示是轴套零件图。

（1）浏览全图，知其概貌。

该零件为套类零件，回转体结构，较复杂，主体结构为梯牙内螺纹；材料为 45 号钢。

（2）分析表达方案。

由两个视图组成表达方案：主视图采用全剖视图，表达主体结构；左视图采用剖视图，表达偏心槽结构及偏心距离。

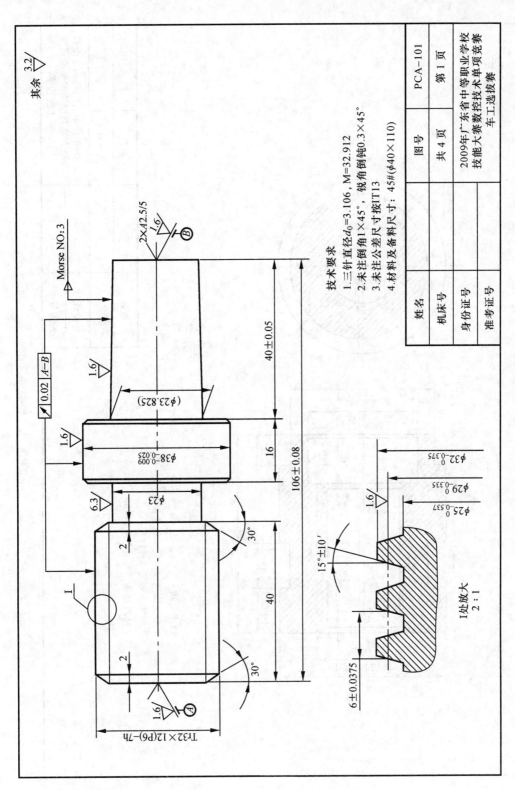

图9-1 车工竞赛轴零件图

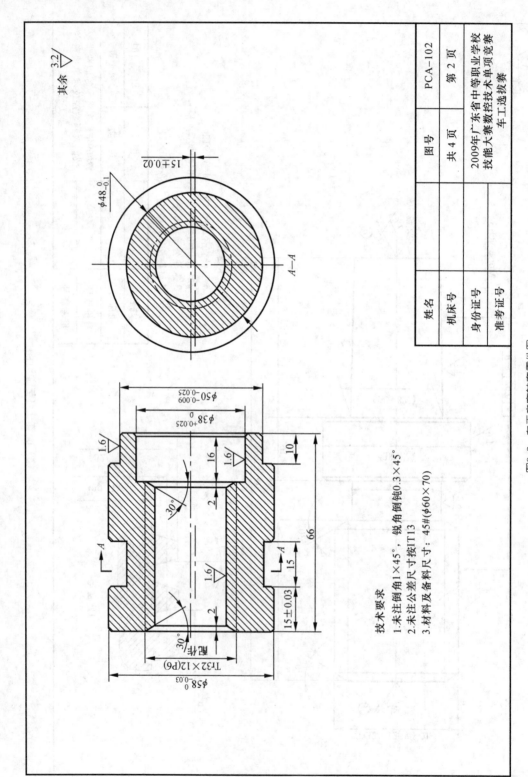

图9-2 车工竞赛轴套零件图

(3) 由表达方案详细阅读形体结构。

主体结构为套类结构，外表面左起结构有 φ58 外圆，该外圆上有偏心槽，偏心方向为向下，偏心距离为 1.5；往右有阶梯台阶；内表面左起结构有 Tr 32×12 (P6) 梯牙内螺纹，往右为 φ38 沉孔及孔口倒角。

(4) 尺寸分析。

径向尺寸基准为整体轴线及偏心轴线，轴向尺寸基准为 φ58 外圆的左端面和 φ50 外圆的右端面。

偏心槽的槽宽为 15，底面直径为 φ48；右端面台阶外圆直径为 φ50，深度为 10；沉孔深度为 16；其他尺寸如图 9-2 所示。

(5) 尺寸公差。

左边外圆 φ58，上偏差为 0，下偏差为 −0.003；右边端面台阶外圆 φ50，上偏差为 −0.009，下偏差为 −0.025；沉孔直径 φ38，上偏差为 +0.025，下偏差为 0；偏心距离 1.5±0.02；偏心槽的直径 φ48，上偏差为 0，下偏差为 −0.1。

(6) 技术要求。

表面要求最高的是 φ50 外圆，沉孔内表面，梯牙内螺纹侧面，R_a 值为 1.6；其余 R_a 值为 3.2。

(7) 形位公差，材料处理。

无特殊要求。

图 9-3 所示是轴套的三维造型图。

图 9-3 轴套的三维造型图

任务 2　读数控铣床竞赛零件图

活动情景

数控铣床竞赛零件相比普通铣床加工的零件具有结构复杂、精度高的特点，最明显的区别是具有曲面特征，通过程序控制，实现对曲面的精确加工。图 9-4 所示为广东省 2009 中职学校数控技能竞赛数控铣决赛试题。

任务要求

阅读铣床竞赛的零件图。

技能训练

(1) 浏览全图，知其概貌。

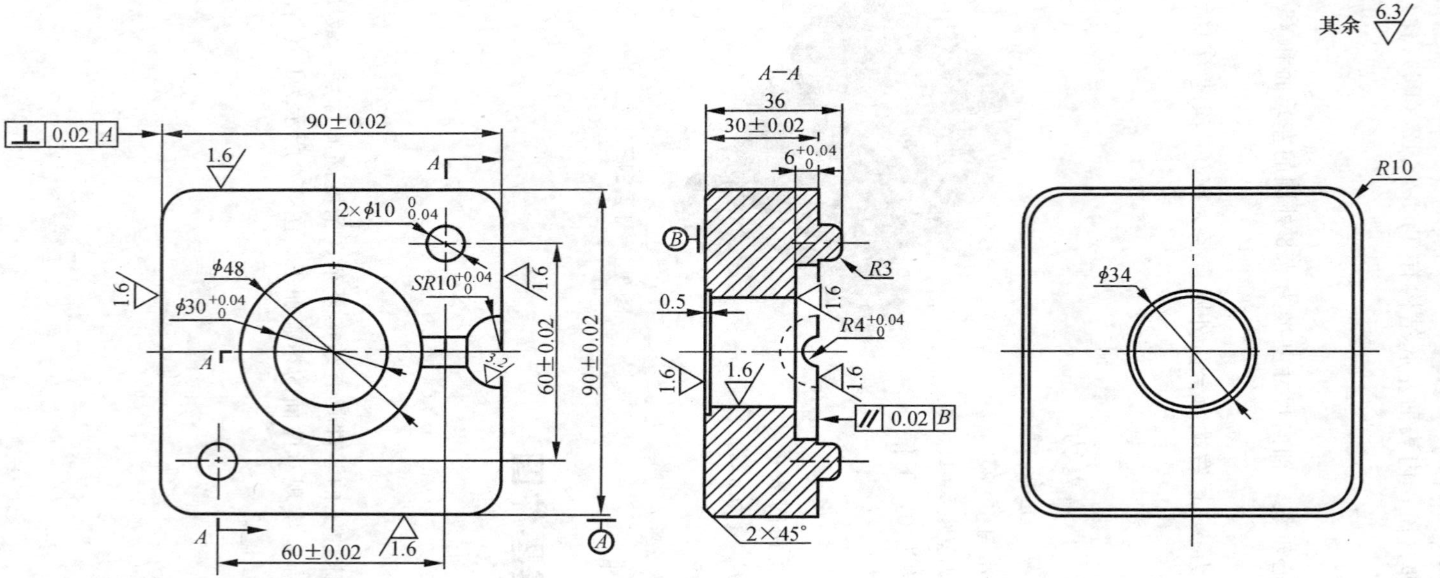

技术要求

1.毛坯尺寸：100×100×40

2.不准用砂布及锉刀等修饰表面(可清理毛刺)

3.清角半径不大于R1.5，未注倒角1×45°

4.未注公差按IT14

考生姓名		题号	szst-2
性别		材料	45号钢 潜质
身份证号码		深圳2009中等职业学校数控技术技能竞赛	
准考证号码			

图9-4　数控铣竞赛零件图

该零件为方型零件，主体结构为正方形外围，内有沉孔，侧面有 R10 的球面，结构较复杂，材料为 45 号钢等。

（2）分析表达方案。

视图采用第一视角投影图。由三个视图组成表达方案，前视图表达主体结构分布情况，左视图采用阶梯剖，详细表达沉孔及球面机构，后视图表达零件背面的沉头特征。

（3）细读各部分结构。

此零件最大外形为边长 90 的正方形，前视图中间为 ϕ30 通孔、ϕ48 沉孔，对角对称分布两个 ϕ10 的圆形突起，中心右侧有半径为 10 的内凹半球面，连接中间孔与球面的是一条截面半径为 R4 的槽。

左视图重点表达了圆形突起高度和底部沉头的深度，进一步表达了圆形槽的截面形状及球面的形状。

后视图主要表达了零件背面的基本形状和背面沉头孔的直径。

（4）分析尺寸及公差。

长度和宽度方向的尺寸基准为零件几何中心轴线，高度方向的尺寸基准为零件底面。

尺寸公差：长度和宽度方向尺寸 90±0.02；中间孔径尺寸 ϕ30，上偏差为 +0.04，下偏差为 0；球面半径 R10，上偏差 +0.04，下偏差为 0；两个孔的中心距 60±0.02；孔径尺寸 ϕ10，上偏差为 0，下偏差为 -0.04；大平面的高度尺寸 30±0.02；沉孔深度尺寸 6，上偏差为 +0.04，下偏差为 0；圆形槽截面尺寸 R4，上偏差为 +0.04，下偏差为 0；其他尺寸的加工精度按经济精度掌握。

（5）技术要求。

该零件各个表面粗糙度要求都比较高，零件四周、零件底面、沉孔内表面、零件正面大表面的 R_a 值为 1.6；球面的 R_a 值为 3.2；其余 R_a 值为 6.3。

（6）形位公差，材料处理。

垂直度要求，基准要素是 A 面，被测要素为长度方向左边平面（如图 9-4 所示）；平行度要求，基准要素是 B 面，被测要素是零件正面。

图 9-5　三维造型图

其他无特殊要求。图 9-5 所示是此零件的三维造型图。

项目小结

本项目通过阅读一组数控竞赛零件图，对本课程所学知识进行一次应用应践，可以巩固和加深课程知识，提高熟练识读零件图的能力，拓宽机械零部件的认识。

参 考 文 献

[1] 王幼龙. 机械制图 [M]. 北京：高等教育出版社，2006.
[2] 钱可强. 机械制图 [M]. 北京：中国劳动社会保障出版社，2001.
[3] 叶曙光. 机械制图 [M]. 北京：机械工业出版社，2008.
[4] 姚民雄. 机械制图 [M]. 北京：电子工业出版社，2009.
[5] 郭建尊. 机械制图与计算机绘图 [M]. 北京：人民邮电出版社，2009.
[6] 杨昌义. 极限配合与技术测量基础 [M]. 北京：电子工业出版社，2009.
[7] 王灵珠. AutoCAD2008机械制图实用教程 [M]. 北京：机械工业出版社，2009.
[8] 徐国强. AutoCAD项目教程 [M]. 武汉：华中科技大学出版社，2009.
[9] 吴机际. 机械制图 [M]. 广州：华南理工大学出版社，2002.
[10] 葛小平. 模具制图 [M]. 北京：人民邮电出版社，2009.
[11] 单连生. 机械制图 [M]. 北京：人民邮电出版社，2009.
[12] 孙开元. 机械制图及标准图库 [M]. 北京：化学工业出版社，2008.

图书在版编目(CIP)数据

机械制图与 AutoCAD 教程/梁炳新　主编. —武汉：华中科技大学出版社,2010.9
ISBN 978-7-5609-6408-9

Ⅰ. 机… Ⅱ. 梁… Ⅲ. 机械制图:计算机制图-应用软件，AutoCAD-职业教育-教材
Ⅳ. TH126

中国版本图书馆 CIP 数据核字(2010)第 136397 号

机械制图与 AutoCAD 教程　　　　　　　　　　　　　梁炳新　主编

策划编辑：王红梅
责任编辑：田　密
封面设计：秦　茹
责任校对：朱　霞
责任监印：周治超
出版发行：华中科技大学出版社(中国·武汉)
　　　　　武昌喻家山　　邮编：430074　　电话：(027)81321913
录　　排：武汉众欣图文照排
印　　刷：武汉首壹印刷有限公司
开　　本：787mm×1092mm　1/16
印　　张：12.75
字　　数：300 千字
版　　次：2015 年 8 月第 1 版第 2 次印刷
定　　价：25.80 元

本书若有印装质量问题，请向出版社营销中心调换
全国免费服务热线：400-6679-118　　竭诚为您服务
版权所有　侵权必究